化粧品を正しく使えば あなたはもっとキレイになる。

東京女子医科大学
皮膚科学教室・教授
川島眞

GENTOSHA

化粧品を正しく使えばあなたはもっとキレイになる。

はじめに

2013年、化粧品業界に激震が走りました。

カネボウの〝特定の美白化粧品〟を使った人に白斑《はくはん》の症状が出たというニュースは、記憶に新しいでしょう。この事件は、たいへんな衝撃を与えました。特に女性のみなさんにとっては、ショックな出来事だったはずです。まさか、これほどの歴史ある大企業の商品で、こうした被害が出るなんて思ってもみなかったでしょうから。

この事件をきっかけに、カネボウに限らず、多くの化粧品メーカーが、自社商品へのチェックを厳しくしたことは間違いありません。そういう意味で、化粧品業界にとってのひとつの転換点となった事件といってもいいのかもしれません。

実はこれまでも、化粧品トラブルはときどき問題となっています。以前にも、オーガニックを売りにした「茶のしずく石鹸」が、利用者に重篤な健康被害を引き起こしたことがあり、このときも大騒ぎになりました。実をいうと、私はこの事件そのものに驚きはありませんでした。十分あり得ることだと思ったからです。しかし、多くの人が「こんなにわかりやすい〝危険〟に気づけなかった」ことにはショックを受けました。

このような事件があると、消費者の化粧品に対する意識が、以前と変わってきます。私は、それはたいへんいいことだと思います。

そもそも、女性にとって、化粧品はなによりも身近なものであり、特別な存在です。**肌に直接塗るものなのですから、本来、その成分や効果について、そして自分の肌について、もっと知っておくべき**なのです。

ところが、女性のみなさんに聞いてみると、**〝なんとなく〟で化粧品選びをしている人が多いのが実情**です。もちろん、デパートや専門店などに、専門職の女性がきちんとカウンセリングしながら販売しているカウンターもあり、そういうところを以前から利用している方もいらっしゃいます。しかし、ドラッグストアやコンビニなどでも、さまざまなタイプの化粧品を手軽に購入できるようになっているのが、今の大きな流れです。

最近では、メーカーがきちんとした商品紹介のHPを作っていたり、ユーザー同士が情報交換できるインターネットサイトがあったりして、化粧品を吟味して選ぶ人も増えているので一概にはいえませんが、しかし、化粧品の多くは、「イメージ広告」がメインです。

「好きな女優さんがＣＭに出ているから」「なんとなく、肌によさそうなキャッチコピーだから」という〝印象〟が、化粧品選びの基準のひとつとなっている人がまだ多いと思います。

しかし私は、**「気分で化粧品を選んでもいいが、きちんと商品について知っておくべき」「ひとりよがりの化粧品選びには、リスクがある」という認識を、みなさんに持ってほしい**と思っています。

さて、私は皮膚科医です。そして、この本では、主にスキンケア化粧品について話をします。皮膚科医の私が、スキンケア化粧品についての本を書くことに違和感を持たれる方がいらっしゃるかもしれません。

しかし、〝治療〟をするのが医薬品であれば、治癒した肌を〝いい状態〟に維持するのがスキンケア化粧品です。化粧品をないがしろにしていては、肌のトラブルに悩む方々を〝本当の治癒〟にまで持っていけないのです。

肌のトラブルが改善すると、どんな方も、みるみる輝いて生き生きとしてきます。そして、ぐんぐん美しくなります。

たかが〝肌ひとつ〟かもしれませんが、肌の調子がいいときと悪いときでは、気分が天国と地獄ほど違うのではないですか？

そういう意味でも、スキンケア化粧品は、みなさんの幸せな毎日のために、とても重要なアイテムなのです。ですから、それを使うにあたって「無知」ではいけません。

化粧品を知るには、皮膚のこともきちんと知らねばなりません。そこで、まず「皮膚とは何なのか」を理解したうえで、「化粧品とはいかなるものか」を知り、「化粧品と正しくつきあう方法」を、きちんと覚えていただきたいと思います。

みなさんの美しく輝かしい毎日を祈って――。

２０１４年１月

川島　眞

はじめに　2

第1章　知っておきたい肌の基本

第2章 「正しいスキンケア」の基本

第3章 「正しいエイジングケア」の基本

第4章 化粧品の正しい知識を身につけましょう

第5章 自分に合う、正しい化粧品探し

終章 これだけは知っておくべき化粧品の基礎知識

構成協力　伊藤まなび　海野由利子
装丁　ＴＹＰＥＦＡＣＥ　AD渡邊民人　D森田祥子
本文デザイン　ＴＹＰＥＦＡＣＥ　森田祥子

第1章

知っておきたい肌の基本

思い込みに注意！

「肌質」は、季節や生活習慣によっても変化する

「普通肌」「脂性肌」「乾燥肌」「混合肌」「敏感肌」……。女性のみなさんには聞き慣れた言葉でしょう。ほとんどの方が、この中からひとつ選んで、「私は○○肌です」と言うのではないでしょうか。

実は、皮膚科医の立場からいうと、医学の分野でこのような用語はありません。本来の肌は、こんなに単純には分類できませんから。ただし、日常的に使用する化粧品の視点で考えると、なるほど、納得できます。自分に合った化粧品を選び、必要なケアを把握するためにも、自分の肌質について知っておくことは、たいへん重要なことですね。

さて、**肌質というのは、「皮脂の分泌量」と「角層の水分量」によって分類されています。**

水分が多く皮脂量が少なめなのが**普通肌（ノーマル肌）**。しっとりみずみずしい潤いが適度な皮脂で保たれている肌といえます。

水分も皮脂量も多いのが**脂性肌（オイリー肌）**。こちらは肌表面がベタつきやすいという特徴があり、ニキビができやすい肌です。

そして、水分も皮脂量も少ないのが**乾燥肌（ドライ肌）**。肌内部の潤いが蒸散しやすいのでかさつき、肌荒れを起こしやすい肌です。

また、〝皮脂が多い部分〟と〝かさつく部分〟が混在しているのは**混合肌（コンビネーション肌）**。多くの場合、額から鼻にかけてのTゾーンがベタつき、目元や頬《ほお》がかさつきやすいのが特徴です。

ただし、この**肌タイプはいつも同じではありません。**「私はこのタイプ！」と思っていても、季節や体調によって変わることも多いのです。

たとえば、気温が上がる春夏は、皮脂や汗の分泌が増加するため肌質はオイリーに傾き、低温で空気が乾燥する秋冬にはドライに傾く……という人は多いです。ほかに、年齢や食事、睡眠などの生活習慣にも影響されますし、ストレス、生理周期も関係してきます。

ですから、**自分の肌質を決めつけないこと。そして、そのときどきの肌の状態を知って、それに合ったスキンケアをすることが大切**です。

「自称・敏感肌」の女性は多いけど、「敏感肌」ってどんな肌？

そして、もうひとつ説明しておかなければならないのが「敏感肌」。

女性に自分の肌質を自己申告してもらうと「敏感肌です」と言う方が多いのですが、実際に私が診《み》てみると、〝深刻な敏感肌〟の方はそう多くはないんです。

「敏感肌」という言い方は、その言葉ゆえに感覚的に使っている人が多いと思いますが、「敏感肌」は医学用語ではないので、私が皮膚科医としてイメージする「敏感肌」について、少し踏み込んで説明しておきましょう。

皮膚科医の見方で「敏感肌」を考えると、「軽いアトピー性皮膚炎のある乾燥肌」となります。**肌のバリア機能と保湿を担う角質細胞間脂質が少ない肌が「敏感肌」**だといっていいでしょう。

ところが、自分のことを「敏感肌」と思っている方の中には、「敏感肌」とはいえないくらいの状態の方も多いのです。そういう人は、角層のバリア機能が低いために刺激を感じやすく、だからこそ自分のことを「敏感肌だ」と思っているのだと考えられます。が、実際に〝計測〟してみると、ノーマルな状態の肌と大きな違いが出ることはあまりありません。

つまり、〝普通の化粧品（＝「敏感肌用」じゃない化粧品）〟が全然つけられないような、〝本当の敏感肌〟の人は少ない、ということです。

〝自称敏感肌〟の多くは「乾燥肌」なのではないかと思います。ですから、どうか化粧品やスキンケアに対して慎重になりすぎないでください。乾燥肌である場合、**保湿ケアをすることでバリア機能が高まって、肌は落ち着いて刺激を感じにくくなります。ぜひ、保湿を丁寧にしてみてください。**

「肌がきれい」の要素は、ツヤと透明感。〝美白信仰〟からの卒業を！

「肌がきれいな人」に憧れない人はいませんよね。
ところで、「肌がきれい」というのは、みなさんにとってどんな肌なのでしょうか？
多くの人は、シミや色ムラがない肌と答えるようです。また、「白い肌」というよりも
「つややかな肌」を意識されている人が多い印象です。
皮膚科医の立場からも、その意見は賛成です。**肌の色が白いということよりも、いかに**
〝ツヤ〟がある肌かということが、大事な美肌ポイントだと思います。
肌に、シワとかたるみやニキビあとなどの凹凸がなければ、光をきれいに反射するため、
肌はつややかに見えます。だから、浅黒い肌の人でも凹凸がなければ、輝きがあるつやや
かで美しい肌だと思います。むしろ、浅黒い肌の人のほうが光の反射のコントラストがつ

くからか、ツヤッと輝いて見えたりしますね。

美白のブームが長く続いていて、「美肌とは白」みたいなイメージがありますが、色だけがきれいな肌の要素ではない気がします。凹凸の少ないなめらかな肌だと、同じ方向に光が反射するから、ツヤが際立つのかもしれません。女性誌だと美しい肌を「白い陶器のような」といった表現をしますが、これも陶磁器のツヤ感を表現しているのではないでしょうか。

「肌がきれい」の要素は、色じゃなくて「ツヤ」と「透明感」。

白い肌でも浅黒い肌でも、ツヤと透明感があるなら美しい。

美肌の追求は、美白の追求とは別ということかもしれませんね。みなさんも、極端な〝美白信仰〟から脱してみてはどうでしょうか？

皮膚は複雑な三層構造でできています

このあと、シミやシワができる仕組みを知っていただきたいのですが、それには、皮膚の構造を知っておいていただけるほうがいいので、ここで説明します。

ちょっと難しいかもしれませんが、肌の構造や機能についての基本――自分の肌がどんな仕組みでどんな働きをしているのか――を知っておくと、毎日のケアの意味がわかり、よりよいものにできると思いますので、ぜひ頑張って読んでください。

「皮膚は最大の臓器」といわれているのをご存じでしょうか？　全身を覆っている皮膚の面積はおよそ1・6㎡。たたみ一畳分ほどです。そして、皮膚全体の重さは体重の約16％にもなります。内臓の中でもっとも大きい肝臓の重さが体重の約2％ですから、「皮膚が最大の臓器」といわれる理由がわかりますね。

皮膚の厚さは、平均で2㎜ぐらい。厚いのは手や足の裏で、薄いのは顔、特に目の周りの部分です。

ひとことで「皮膚の厚さ」といいましたが、**皮膚は一枚の皮ではなくて、表皮、真皮、皮下組織という3つの層からできています。**

いちばん外側にあるのが「表皮」です。――表皮のいちばん下には「基底層」があり、そこで細胞分裂した〝表皮細胞〟が毎日少しずつ押し上げられていきます。やがて、表皮細胞から細胞核が失われて「角質」となり、皮膚の表面の「角層=角質層」を構成します。表皮の95%は表皮細胞で、残りの5%がメラニンを作る色素細胞=メラノサイトや、免疫に関する細胞（ランゲルハンス細胞）などです。

表皮の下にあるのが「真皮」。表皮とは基底膜によって隔てられています。――真皮では、コラーゲン線維がエラスチンという線維に絡まるように束ねられていて、その間をヒアルロン酸などが満たしています。ヒアルロン酸が水分を抱えることで、皮膚の弾力を保っているのです。また、血管、汗腺、皮脂腺、毛包などの組織も、ここ真皮にあります。

真皮の下にあるのが「皮下組織」。――その大部分は脂肪組織で、皮膚を支えたり、衝撃から守るクッションのような働きをしています。

このように皮膚は、表面から「表皮」「真皮」「皮下組織」という、構造の違う三層からできているのです。

さて、皮膚の深部へ向かって構造を見てきましたが、再び表面を見てみましょう。

肉眼でもわかりやすいのが手の甲なので、そこをよく見てください。皮膚はつるっとして平らではなく、細かい溝が刻まれていますね。この細かい溝は「皮溝」と呼ばれています。皮溝に囲まれてやや高くなっている部分を「皮丘」と呼びます。この皮溝と皮丘で囲まれた多角形模様を「肌のキメ」といいます。**皮溝が浅く、皮丘が細かく整然と並んでいる状態を「キメが細かい」というわけ**です。

皮膚の状態にもよりますが、基底層で生まれた表皮細胞は、角層に到達して垢《あか》となって剝《は》がれ落ちるまでに28〜40日かかるとされています。顔の部位や皮膚の状態、年齢にもより、諸説ありますが、**皮膚は1ヶ月前後の周期で入れ替わっている**のです。最近は35日くらいというものが多いですね。

皮膚の構造

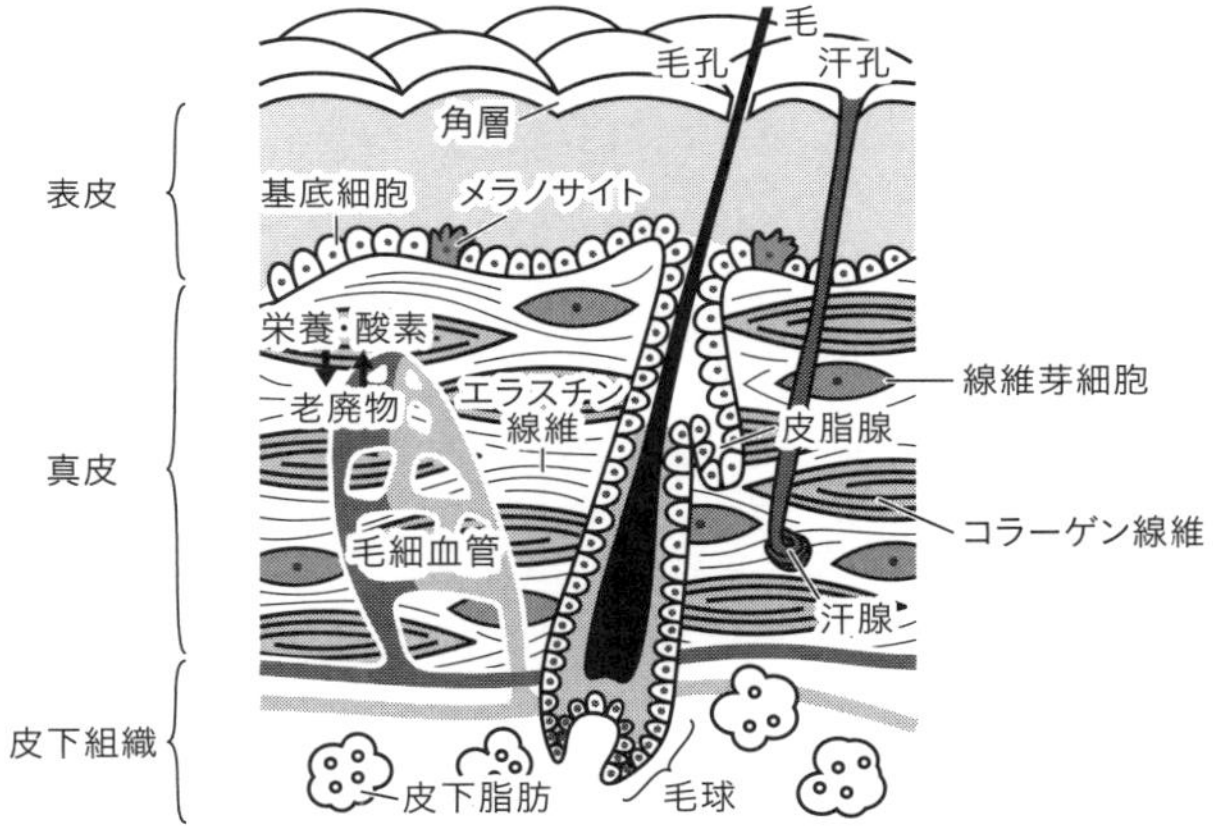

毛
毛孔
汗孔
角層
表皮
基底細胞
メラノサイト
栄養・酸素
老廃物
エラスチン線維
線維芽細胞
皮脂腺
真皮
毛細血管
コラーゲン線維
汗腺
皮下組織
皮下脂肪
毛球

表皮の代謝サイクル

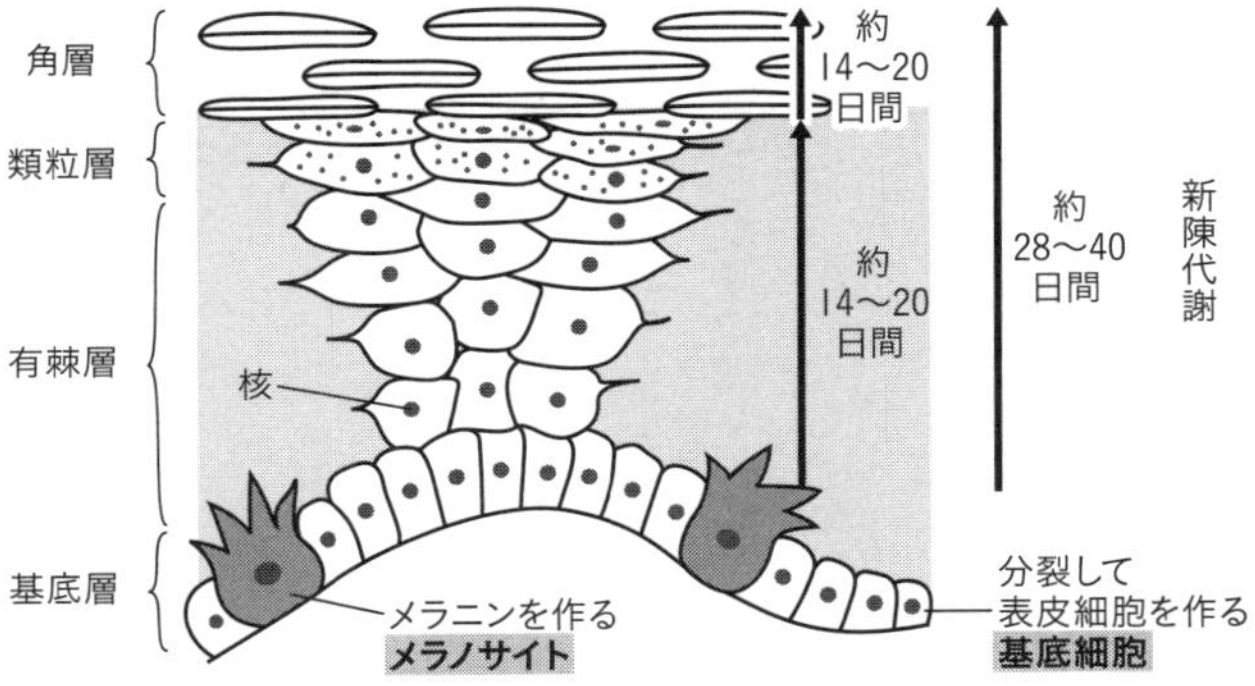

角層
類粒層
有棘層
基底層
核
約
14〜20
日間
約
14〜20
日間
約
28〜40
日間
新陳代謝
メラニンを作る
メラノサイト
分裂して
表皮細胞を作る
基底細胞

「くすみ」「クマ」の医学的な定義は、ほぼありません

シミを気にされる方は多いですね。日本人女性は、肌の悩みの中で、「シミ」に関してとても敏感だといわれています。

しかし、いわゆる「シミ」といってもいろいろで、ざっと挙げるだけで22～23種類もあるのです。皮膚科医でも判断がつきにくいものもあるくらいですから、一般の方が〝皮膚の色の濃い部分〟をすべて「シミ」と呼ぶのは致し方ないことです。

多くの人が「シミ」と呼んでいるのは、医学的にいうと、紫外線による「老人性（日光性）色素斑」です。

そのほかの代表的なシミとして、出産後のホルモンの変化などで現れるという「肝斑《かんぱん》」、比較的若い人に現れる、老人性（日光性）の色素斑の小型のような、ソバカスと呼ばれて

いる「雀卵斑《じゃくらんはん》」などがあります。

ほかに、一般の方にシミと呼ばれるアザもあります。顔にできたとたん、アザがシミと呼ばれてしまうことは多々あります。目の周りなどにできる青黒い「太田母斑《おおたぼはん》」は、「シミ」とも「アザ」とも呼ばれるし、生まれつきある茶色い「扁平母斑《へんぺいぼはん》」というアザも、シミといわれやすいです。

一般の方にはなかなか見分けがつかないけれど、シミと呼ばれるものには悪性の腫瘍《しゅよう》もあるし、化粧品ではよくならないほくろに一生懸命〝シミが薄くなる効果〟を期待して〝美白化粧品〟を使っている例もあります。

それくらい、「シミ」というのは、一般の人には区別しきれないものなのです。

ちなみに、**美白化粧品**で対応できるのは、肝斑と日光性色素斑とソバカスの薄いものです。ほかに、ニキビなどで炎症を起こしたあとにできる色素斑や、日焼けした肌の色を、全体に早く薄い状態に戻すことには、化粧品で対応できるでしょう。

もうひとつ、色の問題となるのが「くすみ」ですが、これは化粧品業界の用語なので、皮膚科医はあまり使いません。

境界が不鮮明で、顔全体、あるいは目の周りがなんとなく沈んだ色合いになるのが「くすみ」です。**「くすみ」は、メラニン色素だけの問題ではなくて、血流の問題もある**といわれています。

目の周りのくすみが、より強くなってきたものが「クマ」と呼ばれています。クマの原因は、メラニン色素と血流の停滞だと考えられます。ある程度のマッサージで血行を促せばよくなるかもしれませんが、マッサージをしても消えないクマはメラニン色素の沈着があると思われます。

ただし、くすみとクマの医学的な定義というのは、現状ではまだほとんどされていないのが実情です。

「シミ」の原因は「紫外線」だけじゃない!?

シミについて、もう少し説明しましょう。

シミは、「日焼けのせいで生じる」と思っている方が多いでしょう。確かに多くのシミは紫外線と深い関係があります。

しかし、**シミのもととなるメラニンは、紫外線のみに反応するわけではありません。**

ニキビややけど、湿疹のあとにできるのが、「炎症後色素沈着」です。これを見るとわかるように、**炎症によってもメラノサイト（色素細胞）は活性化**して、シミのもととなるメラニンを生成するのです。ですから、ニキビややけど、湿疹ができたときのケアを丁寧にしないと、シミの原因になるので要注意です。

また、ソバカスすなわち「雀卵斑」は、頬や鼻の周りにできやすく、こちらは**遺伝的素**

因が強いといわれています。日光に当たるとより濃くなってしまうので、紫外線には気をつけなくてはいけません。

ここ数年で認知度が高くなったのが、「肝斑」です。茶色いシミが頬や額や口の周りにできます。左右対称に発生するのが特徴です。これは、**女性ホルモンの関与**が考えられていて、妊娠後やピルなどを服用すると発生することがあります。軽い炎症が持続していることも原因だといわれています。こちらも、紫外線に当たると悪化するので、日光性色素斑でなくても、**紫外線には気をつけなくてはいけない**のです。

あなたの肌を守るためにできたという一面も……
シミには、

紫外線とシミの仕組みについてお伝えしましょう。

太陽の光には、〝目に見える光〟と〝見ることのできない光〟があり、〝目に見える光〟が「可視光線」、〝見ることのできない光〟が「赤外線」や「紫外線」です。いずれにせよ、光は、「赤外線」「可視光線」「紫外線」の3つに大きく分けられます。そして、これらの光はそれぞれ、体に対していろいろな作用をしています。

「赤外線」は、マッサージ治療などでもよく用いられていますが、温熱効果が高く、血行促進などに効果があるといわれている光線です。ただし「赤外線」もよいことばかりではないことも少しずつわかってきました。

「可視光線」は目に見える光で、神経系や代謝、ホルモン分泌などにかかわっているといわれています。太陽を浴びると出るといわれる〝幸せホルモン〟の脳内伝達ホルモンであるセロトニンも、こんな働きから分泌されています。

そして、シミにかかわるのが3つめの光線の「紫外線」です。紫外線＝シミのもと、と悪者にされがちですが、紫外線は、骨を作るのに必要なビタミンDを体内で合成する働きを持っています。ほかにも血行促進や新陳代謝にもかかわっています。ですから、**紫外線も人間にとっては必要な光線**なのです。

ですが、皮膚の面から見ると、紫外線は、悪者な顔をのぞかせます。日焼けを起こすだけでなく、シミ、ソバカスなどの色素沈着を誘発したりします。また、表皮細胞の核のDNAを傷つけて変異を起こすと、がん化することもあります。ですから、紫外線については、よく知っておくことが必要なのです。

紫外線には、光の波長が異なる、A波（UVA）、B波（UVB）、C波（UVC）の3つが存在します。C波は地上にはほとんど到達しませんので、その害については知られていません。

A波（UVA）は、肌の深部まで届いて皮膚を黒くし、いわゆる日焼けを起こします。このとき、ヒリヒリさせたり炎症を起こすことのないのが特徴です。また、**真皮にあるコラーゲンなどの線維にもダメージを与えて、シワやたるみの原因も作ります。**

A波もシミに関係していますが、**もっともシミに影響を与えるのが、B波（UVB）**です。表皮まで届くB波に当たると、表皮細胞から、エンドセリンやMSH（メラニン刺激ホルモン）という物質が出て、メラノサイト（色素細胞）を刺激します。メラノサイトは、紫外線によって細胞の核が傷つかないようブロックするために、刺激物質の指令を受けてメラニンを作り出します。

このメラニンが詰まった袋を、周りのケラチノサイト（表皮細胞）に渡すのですが、このとき大量に渡されてとどまってしまったり、メラニンが大量に作り続けられると、いわゆる「シミ」として現れてしまうのです。

このメラニンを渡されたケラチノサイトは、少しずつ上に移動して角質となって、やがて剝がれていきます。

これが、みなさんも知っている**「ターンオーバー（代謝）」**です。

メラノサイトからケラチノサイトにメラニンが受け渡されても、**スムーズに皮膚が代謝されていけば、シミにはなりません。**シミができるのは、紫外線などでメラニンが過剰に作られるか、メラニンの受け渡しのところに問題があるか、排出に問題があるか、のどれかなのです。

メラニンも紫外線同様に悪者扱いされてしまいますが、本来は体内に**紫外線のダメージ**

が届かないように、色素の壁を作ってブロックしてくれているのです。そんな健気《けなげ》な一面もあることを覚えておいてください。

紫外線A波B波の肌への届き方

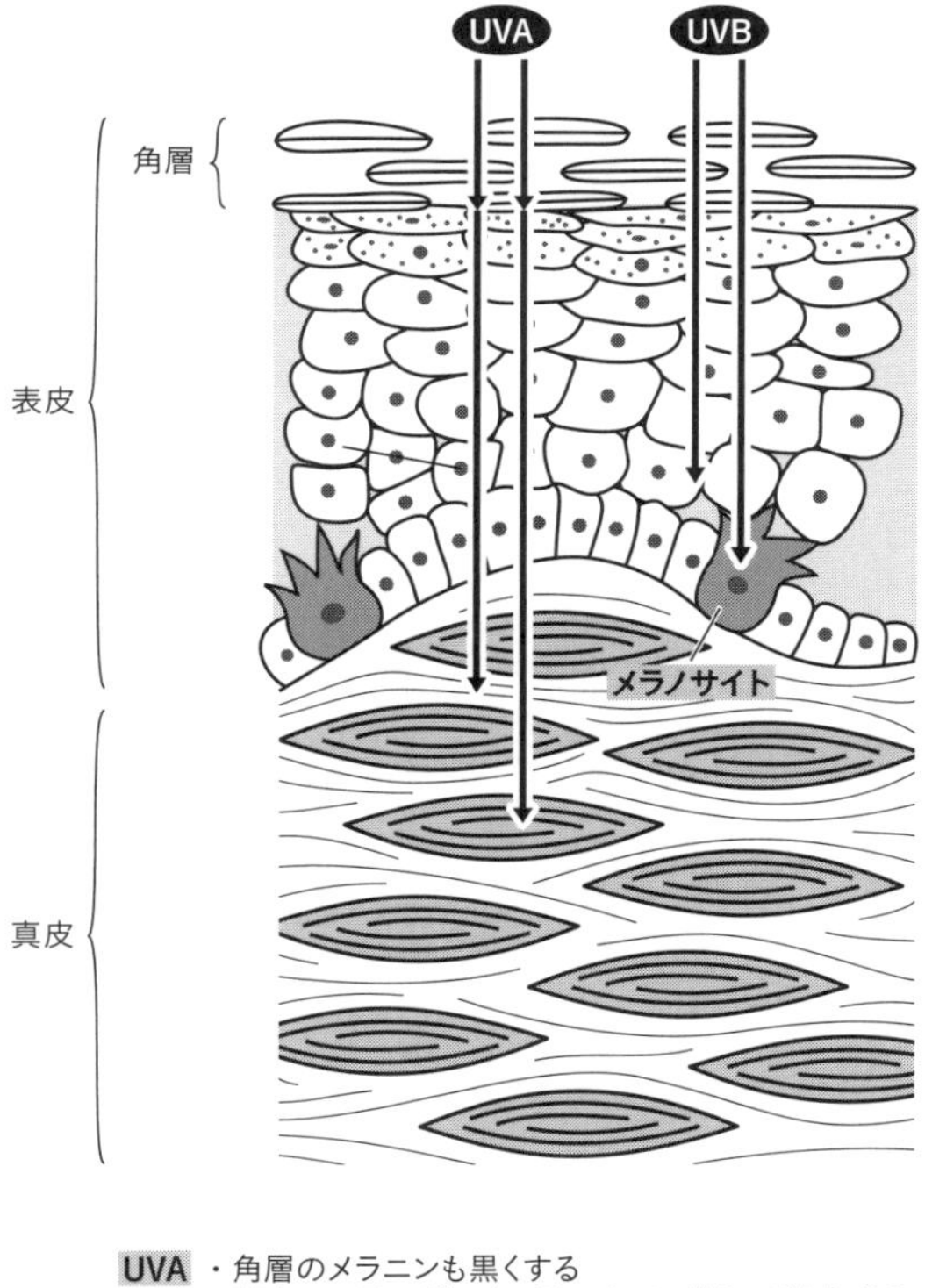

UVA ・角層のメラニンも黒くする
・真皮のコラーゲンやエラスチンにダメージを与える

UVB ・角層〜表皮に達し炎症を起こさせる→のちに黒化

女性の天敵「シワ」ができる理由とは？
乾燥だけが原因じゃない！

「シワ」は女性の天敵ですね。できることならつきあいたくない。

ひとことで「シワ」といいますが、これは三段階ぐらいに分けられます。

まず、**若いうちから現れる「小ジワ」**。これは極めて表面的な変化で、もっとも初期のシワです。角層の乾燥が原因となり、角層から表皮にかけて縮みが生じて凹《へこ》みになるわけです。

小ジワは、潤いを与えて保湿すると目立たなくなります。これは、角層内の水が一時的に増えて凹みが盛り上がるからです。でも**その部分が再び乾燥すれば、また凹むわけで、シワはだんだんと持続して出てきます。**

エイジングがまだ起きていないような若い方で、乾燥肌のアトピーに悩んでいる患者さんを診ると、シワができている例があります。つまり**「小ジワ」は加齢に関係なく、乾燥だけでも起こり得る、**ということを示しています。

けれど、**20代以降の小ジワとなると、すでにエイジングの影響を受けている**と思ってください。「エイジング」とは、真皮にまで変化が起きているということです。

シワの始まりの第一段階は、角層に水分を与えて潤わせれば目立たなくできますが、乾燥だけのシワではなくなっていくために、年齢を重ねていくほど、取れにくくなっていきます。

30代以降の小ジワは、根本的に真皮の変化も起こっているといっていいでしょう。第二段階に進んだシワは、表情によってくっきり現れますが、無表情のときにはあまり目立ちません。これを「表情ジワ」と呼びます。「表情筋」という筋肉の収縮でできるシワです。それが第三段階へ進むと、すました顔をしていてもシワは「線」や「溝」としてはっきりと刻まれた状態になります。

鏡を見てシワを発見したとき、「小ジワだと思いたい」という気持ちはわかりますが、それは、もう「小ジワ」ではありません。**真皮の変化、すなわち〝エイジング〟によって、「中ジワ」から「大ジワ」になっている**のです。

ちなみに、最近の研究で、シワのメカニズムもだいぶわかってきました。**問題は紫外線**

でした。紫外線の影響で真皮の線維に変化が起こって、ハリ・弾力が低下。ついに〝シワが固定されてしまう〟ようです（詳しくは、第3章でご説明します）。

表情によって刻まれるシワもありますし、ハリを失ってたるんだことでできるシワもありますが、**皮膚のハリの低下には、乾燥だけでなく、紫外線が関係しているのは紛れもないことなのです。**

〝大人のニキビ〟の原因は、ストレスとホルモン!?

大人になってからニキビができると、みなさんは〝大人ニキビ〟と呼びますね。〝大人のニキビ〟と〝思春期のニキビ〟は違うと思いがちですが、発生原因は少し異なるものの、起こっている現象自体はあまり変わりません。

思春期の12、13歳ぐらいから出てくるニキビは、分泌が盛んになってくる性ホルモンの刺激で、皮脂腺の活動が活発になるのが原因です。

また、**20代後半から30代の女性の、顎《あご》のあたりにできるニキビは、ストレスに関係がある**といわれており、ストレスでホルモンの変化が起きて、皮脂腺の活動が活発になることが原因です。しかし、若い時代のホルモンの関与とは少し違うようです。

思春期のニキビと大人のニキビとでは、できやすい場所が違います。このことから、ホルモンの作用が強く現れる場所が、皮膚の部位によって違うのだと考えられます。このメカニズムについてはまだ詳細がわかってはいませんが、男性ホルモンが皮脂腺の活動性を高めていることは間違いありません。

ほかに、人によって、ホルモンに対する感受性、いわゆる「レセプター」の数や機能が違うので、それも影響しているかもしれません。レセプターというのは、分泌されたホルモンを受け取る受容体のことです。同じホルモン量でも、顎のレセプターの感受性が高い人は、大人になっても顎にニキビができる、というわけです。

もうひとつ、医学的には確認されていませんが、化粧品のメーカーでは**「乾燥によるニキビ」**もあるとしています。皮膚は乾燥すると角層が硬くなって、皮脂腺の出口から皮脂がスムーズに出て行きにくくなり、内側に溜《た》まってやがて炎症を起こしやすくなるというメカニズムのようです。

ニキビはさまざまな原因が絡んでいますから、「アブラを取る」ことばかりに気を取られず、基本の保湿ケアを行い、ストレスの解消も心がけましょう。

保湿については、第2章でもっと詳しくご説明します。

皮脂ニキビ（医学的に確定されたメカニズム）

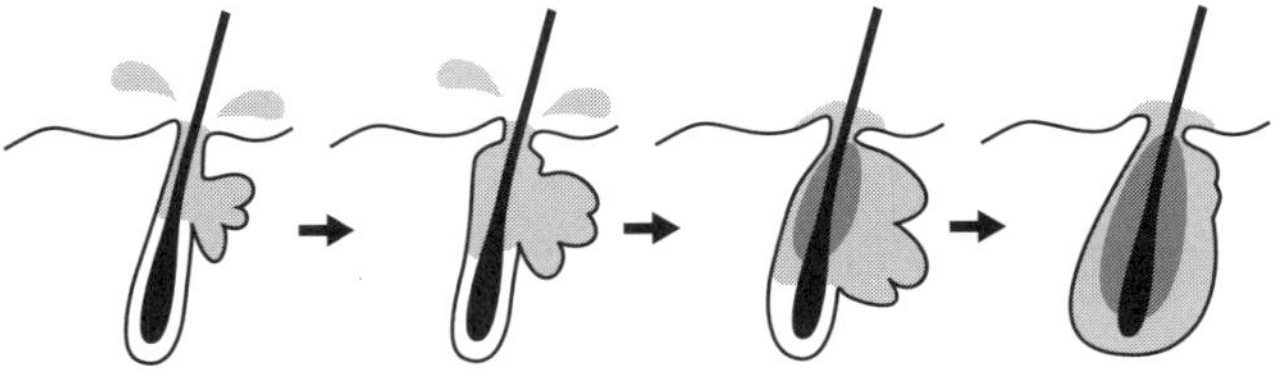

皮脂腺が活発で皮脂分泌が多いと

毛穴が詰まり皮脂が出ていきにくくなり

アクネ菌により炎症が起き始める

皮脂出口がふさがれたままなので毛穴がふくらみ全体が炎症を起こす

乾燥ニキビ（化粧品メーカーが考えるメカニズム）

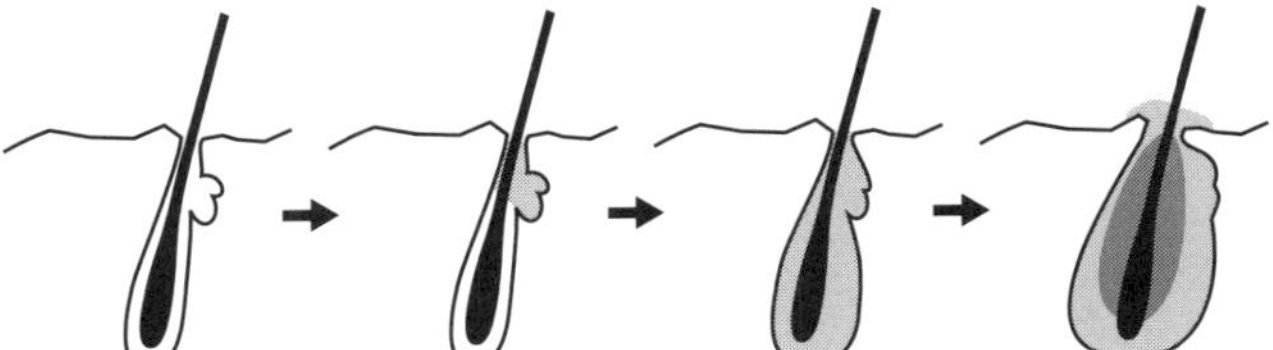

肌が乾燥しているので角層が硬く毛穴が開きにくい

皮脂分泌が少なくても外に出て行きにくいので毛穴の内側にたまる

毛穴のなかに皮脂が溜まる

アクネ菌により炎症を起こし赤く腫れる

皮膚は「目で見える臓器」。心身の異常を伝える働きも

皮膚は自分で見ることができますから、ポツンとニキビができたとか、目の下にクマができたとか、いつもと違う状態があると、すぐに気がつきますよね。

当たり前のことと思うかもしれませんが、体を構成している部位には、自分で見ることのできないところがたくさんあります。内臓なんて、まったく見ることができません。ところが皮膚は、異常があれば必ず見ることができる。これこそが皮膚の特徴といえます。

その状態から自分自身の体調の変化を知ることができるわけですから、皮膚は、人間の体に備わっている**「優れたアンテナ」**といってもいいでしょう。**自分の皮膚をマメにチェックすることは、何よりもお手軽な健康チェックですから、ぜひともやっていただきたい**ものです。

ただし、すぐに治るものはいいですが、**皮膚にみられる変化の種類は非常に多いために、一般の方には把握し切れないものです。場合によっては「体の奥からのメッセージが皮膚に現れている」**……ということもあるので、〝皮膚の変化〟を軽視してはいけません。皮膚の変化が長引いたり、いつもと違う症状、気になる症状が現れたときは、ぜひ皮膚科の診察を受けてください。

そもそも皮膚の構造は複雑です。表皮、真皮、皮下組織と、構造や性質の違う三層から成り立っていますし、皮脂腺や汗腺もあり、免疫機能や分泌機能も備えているなど、さまざまな構成要素を持っています。

また、同じ「皮膚」でも、体の部位によって特徴も異なってきます。たとえば、顔には皮脂腺が多く、手のひらには汗腺が多く存在します。

そして皮膚は、紫外線などの外的刺激を受けやすいために、多種多様の病気や病変が生じやすい場所でもあるのです。種類も実にさまざまで、炎症、色調の変化、湿疹、アレルギー、腫瘍、感染症などなど、**名前がついたものだけでも、千何百という数の皮膚の病気があるの**です。これは、「皮膚の構造の複雑さゆえ」といえるでしょう。皮膚の構造が絡み合って、さまざまな病気に結びついていくわけです。

また、皮膚以外の病気が、皮膚に症状として現れることもあります。ベーチェット病というのは眼に重い症状を起こす病気ですが、皮膚に痛みを伴う赤いしこりができたりします。肝臓の異常で皮膚の色が変わることもありますし、糖尿病で皮膚に壊疽《えそ》やかゆみが起きたりもします。

ですから私たち皮膚科医は、患者さんの訴えを聞き、皮膚を診て、なぜそのような症状が現れているのか読み解くことが重要な役割となってきます。

皮膚には、外部の刺激から体の内側を守る役割があると同時に、体の内側の異常を目で見える形にして伝えるという役割もあるわけです。いわば、自分の周りの環境にも、自らの心身の状況にも反応する〝シグナル〟。特に、心身の状況を映し出すために、「皮膚は内臓の鏡」ともいわれるのです。

皮膚に変化が起こったら、それがすべて病気というわけではありませんが、何か変化が起こったときにいつものスキンケアを続けていても皮膚の症状がよくならない場合は、何らかの原因があるのです。**自分で判断したり、いつもと違うケアをしたりせずに、皮膚科専門医に診てもらうことは、非常に大切**です。

さまざまな機能を持つ皮膚。その最大の役割は〝外敵〟からの防御です

ここまで「肌の基本」についてお伝えしてきましたが、皮膚の最大の特徴は体の表面を覆っていて外界と接していることです。

ですから皮膚には、いろいろな機能が備わっています。たとえば、暑い・寒い・冷たいなどを感じる「感覚器」としての機能。また、体温を調節する機能や、汗や皮脂の分泌機能などもあります。

生命を維持するために不可欠な機能も多いのですが、特に、**外部からのさまざまな刺激から体を守る〝防御〟が、皮膚の最大の役割**ではないかと思います。

防御器官として非常に大切なのが、皮膚表面にある薄い角層です。**角層が、外界からのバリアとしての役割を担っている**のです。

角層には角質細胞が約10層重なっていて、健康な状態の角質細胞には20～30％の水分が保たれています。この角質細胞どうしの間は、脂質と水分で構成された細胞間脂質で満たされており、菌やウイルスなどの異物の侵入を防いだり、体内の水分の過剰な蒸散を防いでいるのです。

バリア機能を担っているのは角層だけではありません。

たとえば、アレルギー物質が角層のバリアを突破して表皮の内部へ侵入すると、表皮の免疫細胞がアレルギー反応を起こします。これは、アレルギー物質を排除するためです。

また、紫外線が皮膚の内部に侵入すると、メラニンが大量に作られます。これは、紫外線によって表皮細胞の核のＤＮＡが傷つくので、細胞核を守ろうとして、細胞核の上に日傘をさすようにメラニンが集まってくるわけです。これも紫外線に対するバリア機能なのです。

こうした皮膚の機能は、美容の視点から見るとどうでしょうか？

健康な角層は、バリア機能が高く、乾燥を防いでくれます。ところが、表皮でアレルギー物質を排除する免疫反応が過剰に働くと、その際にかぶれや炎症を引き起こすことがあります。

また、細胞核を守るメラニンを作るのは、メラノサイトという色素細胞の防御反応によるものですが、シミのもとにもなります。

表皮の下の真皮層についていえば、これはシワとの関係がたいへん深い。真皮にあるコラーゲン線維などの構造が紫外線のダメージなどで変形すると、皮膚の弾力性が低下してしまいます。結果的に、深く消えにくい中ジワ、大ジワが現れてきます。

このように、皮膚の機能が働くからこそ、美容に関する問題が起こることがあるのです。相反することのようですが、そういう〝仕組み〟があるのです。**皮膚の機能を知れば知るほど、美容の達人になっていけます**から、ぜひ、皮膚について、きちんと知ってください。

第2章

「正しいスキンケア」の基本

潤っている肌はトラブルが起きにくく、乾燥した肌はトラブルが起きやすい

「スキンケアとは何ですか」と尋ねられたら、なんと答えますか？　ほとんどの女性が毎日行っているスキンケアですが、あらためて「スキンケアとは何か？」と聞かれると、曖昧な答えしか出てこないかもしれません。

スキンケアとは、肌を〝いい状態〟に保つためのケアです。では、〝いい状態の肌〟とは、どんな肌だと思いますか？

「シミがない肌」「ニキビがない肌」「キメ細かな肌」「透明感がある肌」など、みなさん、いろいろな表現で答えることでしょう。

皮膚科医の視点で〝いい肌〟を考えると、「炎症や赤みなどの皮膚トラブルがなく、潤いに満ちた肌」だと思います。

炎症や赤みは、皮膚に対する疾患の兆候なので、もちろんないに越したことはありません。

さらにポイントとなるのは、「潤いに満ちた肌」です。というのも、**潤っている肌＝トラブルが起こりにくい肌**だからです。

逆に、「潤いがない」……いわゆる「乾燥」が起きている肌は、さまざまな症状やトラブルが容易に発生します。

まず、乾燥すると、角層が乾いて、めくれたり剝がれたりします。角質は、外界とのバリアの役割をしているのですから、そこが壊れると、いろんな物質が内側に入り込みやすくなります。すると、ちょっとした刺激でも、炎症が起きる、赤くなる、かゆくなる、ムズムズする……という症状が起こりやすくなります。そして、かゆくなったり、ムズムズすると人は、引っ掻《か》くという行為に走ります。それにより、皮膚はさらに悪化し、刺激物質がより入りやすくなって、強い炎症が起こる……。

皮膚にとって大きなダメージを生む、この悪循環の始まりが「乾燥」なのです。

みなさんそれぞれ、肌に対する悩みやコンプレックスをお持ちかもしれません。が、なにはともあれ、**「乾燥させない肌を作ること」がスキンケアの基本条件**なのです。この乾燥ケアを手抜きして、気になるところをいくらケアしても、肌はトータルには美しくなりません。

まず、基本のケアである〝保湿〟によって肌を潤いで満たしてから、それぞれの悩みに対処していく、これがスキンケアのルールなのです。

美しい肌は、「どれだけきちんと〝保湿〟できているか」で決まる

乾燥を防御するには、当然のことながら〝保湿〟が重要になります。**保湿でもっとも大切なことは、「肌の内側から水分が出て行くのを止めること」**です。

そのためにはどうしたらいいでしょうか？

まず、単純には肌表面に〝膜〟を作るという方法がひとつ。私たち皮膚科医は、乾燥が進んでバリア機能が低下した方には、膜を作るために、治療でワセリンを使います。使用感はよくないけれど、水分の蒸散がなくなりますから角層は乾燥しません。

２つめは、**角層の内部へのアプローチ**です。角層には〝ＮＭＦ（天然保湿因子）〟というものがあり、アミノ酸や尿素などの物質が含まれていて、これらが水分を抱え込んでいるのです。ですから、ＮＭＦのような成分を含んだ化粧品を塗って角層へ浸透させれば、

外へ出て行こうとする水分を抱え込んでくれると考えられます。それによって角層の水分量が増して、保湿になりますよね。

3つめは、**角質と角質の間を満たしている〝角質細胞間脂質〟に着目した保湿。**角質細胞間脂質は、脂質と水分が層になった構造をしているのですが、その約50％を占めているのが**「セラミド」という脂質**です。これを含んだ化粧品をつけることで、角質細胞間脂質の構造が再構築されたり、潤いが補われたりするので、保湿効果が得られます。

このように、皮膚表面に膜を作ったり、水分を抱える成分を塗ったり、保湿をする構造を補う、というのが現在の代表的な保湿のメカニズムです。

その中でいちばん使われているのは、2つめの〝アミノ酸を使ったもの〟でしょう。アミノ酸は種類が多く、安価なものもたくさんあるので、さまざまな化粧品に使われています。一方、3つめに説明した「セラミド」は原料としても高価なので、化粧品にたっぷり配合することはなかなか難しいようですよ。

化粧品だけでなく、**自分の生活環境の〝湿度〟も、乾燥に深く影響しています。**ですから、加湿器などでほどよい湿度を保ってあげるといいでしょう。蒸気が出てくるような美顔器がどこまで効果があるのかわかりませんが、湿度を上げてくれるという意味では、やらないよりは肌の状態はよくなるでしょうね。

完璧すぎない、少しの余裕が、見た目のキレイを作ります

さて、**「化粧品にものすごくお金をかけなくてもきれいな肌でいる方法」**があります。

たとえば、肌によくないタバコをやめるのはいいでしょう。**タバコを吸う人のほうがシワやシミができやすい**という報告が出ています。

さらに、**便秘をするとニキビができやすくなる**からお腹《なか》の調子を悪くしないように規則正しい生活を送ることも大事ですね。

睡眠不足も肌のターンオーバーに影響しますから、夜更かしはしないほうがいいですね。

そういう自己コントロールをきちっとすることで、お手軽に、しかもお金をかけずにきれいな肌を作ることはできるわけです。

化粧品に頼ればいいというものではない。40ページでもお話ししたように、肌は自分の

体の調子を伝えるシグナルのようなもの。美肌になりたかったら、まずは健康的な生活を心がけるのが基本でしょう。

そして、常に頭に置いておいてほしいのは**「紫外線予防」と「保湿」**です。この2つは絶対の基本。これらに対して効果がある化粧品は、リーズナブルなプライスでもたくさんあります。

でも、いくら「きちんとした紫外線予防を」といっても、日傘をさして、帽子もかぶって、腕まで隠れる手袋をして……という姿を見ると、悲しい気持ちになります。その日を楽しそうに生きている印象がまったくないからです。もちろん、完全防備している人のほうが、肌という視点では、確かに白く美しいかもしれません。でも、美しいものはどんどん見せなければ！　家に帰って鏡を見て、「私の肌ってきれい」と一人満足するというのは、美の追求として内向的な気がするのです。

あなたは、なぜ美肌を目指すのですか？　自分も満足し、周りの人にも素敵だと思ってほしいからではないですか？

だからこそ**紫外線防備はおしゃれであってほしい**と思います。全身を隠して防御するのではなく、外に出るときは、露出しているところには日焼け止めを塗り、白いブラウスを着ておしゃれなサングラスをする。長時間日に当たらなければ、これだけでも防御になります。美しく紫外線を防御する、そんな心の余裕も必要なのだと思います。

ただし、帰宅したら、必ず念入りに保湿！ 保湿で、紫外線で受けた肌のダメージもかなり緩和されますから、これを忘れてはいけません。

基本のスキンケア。皮膚科医として気になるのは「洗顔」

今はさまざまなタイプの化粧品がたくさん発売されています。でも、たくさんあることで、混乱もしてしまいますよね。製品を使う順番、何をセレクトしてどう使うか……といった〝スキンケアステップ〟はそれぞれのメーカーによって違うので、「どうしたらいいのかわからなくて混乱する」と、患者さんからもよく聞きます。

基本的には、洗顔をして、水分を補ったら、保湿するための〝膜〟を作って、足りないところにはポイント的に補う……ということでいいでしょう。ですから**「洗顔料」「化粧水（ローション）」「乳液かクリーム」の3つのカテゴリーは、マストアイテム**として、揃える、ということでしょうね。

そこに、朝だったら、これから太陽の下に出る機会も増え、紫外線を浴びるので、「サンスクリーン効果のあるもの」を加えることが大切です。これに該当するのは**「日焼け止めクリーム」**や**「メイク下地」**や**「ファンデーション」**。これらは、**重ねて使うことで、〝膜〟が厚くなるので紫外線防御効果は高くなります。**

あとは、シワやくすみ、シミなどの悩みに対応した「美容液」なんかもありますね。目元用化粧品、唇用化粧品といったパーツに対応した「美容液」もあります。これらは、必要に応じて使っていけばいいでしょう。

こうした中で、**皮膚科医として気になるのは洗顔。**アイテムそのものの価格は、洗い流すものなので高くなくてもいいと思いますが、**どれだけ安全に、きちんと顔を洗えているかは、美肌のための重要な要素**です。

洗顔は、「フワフワの泡にして、その泡の弾力のみで洗うのが正しい」といわれていますね。細かい泡が皮膚の溝にまで入り込んで汚れを吸着しているような絵をよく見かけます。

でも、本当に、あの洗顔料が、皮溝に入り込むような細かい泡になっているのか、そもそもそんな細かさが必要なのか、私は正直、疑問に思っています。ただ、日本人は顔をゴシゴシ強く洗いすぎる傾向があるから、泡洗顔の「軽く洗っても汚れはきれいに落ちる」という考え方は悪くはありません。でも、泡を作ることに懸命になりすぎて、ほかのお手入れができないとすれば本末転倒です。**泡がフワフワでなくても、やさしく低刺激で洗ってあげればいい**のです。

もう一点、洗顔のときに使う水の温度が気になります。**洗顔で、40度以上のお湯を使ってはいけません。**角層内のNMFが流れ出て皮膚が乾燥しやすくなるという、化粧品メーカーによる研究報告があります。**熱いと感じない30度くらいのぬるま湯がいい**でしょう。

そうそう、毛穴を引き締めるために冷水で洗うという美容法もあるそうですが、それは引き締まったような気になるだけ。冷水くらいで皮膚の構造が引き締まるわけはありません。ぬるま湯で洗顔して、ひんやりするローションをつけるほうがいいと思います。

皮膚科医として勧められない美容情報もある

スキンケアは美容の分野ですが、皮膚のトラブルが起きたときは医療機関が対応します。私のところに来る患者さんから、普段しているスキンケアの方法を伺うこともあるのですが、皮膚科医として疑問に思うことも少なくありません。

そのひとつが肌のパッティングです。血行をよくするためとか、ローションを入れ込むために、手や、化粧水を含ませたコットンで皮膚を強くパンパン叩くというやり方があるそうですが、強く叩くことで皮膚が炎症を起こす可能性があります。顔が赤くなったり、肝斑がある人は、状態を悪化させることにつながります。叩くほどに皮膚が鍛えられると思っている人もいますが、それは間違った都市伝説です。皮膚を強く叩いたりこすったりすることは刺激にしかなりません。**手やコットンでの強いパッティングは、やめましょう。**

また、勝手に化粧品をブレンドして使っている人がいますね。たとえば、日焼け止めを塗りやすくするために乳液を混ぜたり、ファンデーションに乳液を混ぜて使っている人もいます。なぜ、そんなことをするのか正直、意味がわかりません。化粧品は、それぞれ使っている原料も処方も性質も違います。混ぜることで分離することもあるし、もともと持っていた機能が失われたり低下する可能性もあります。日焼け止めならば表示どおりの効果は絶対に得られなくなってしまいます。そして、混ぜて使った瞬間から自己責任になるので、万が一肌トラブルが起きたときもメーカーの責任は問えなくなります。

自分流にアレンジして使うのが、美容に慣れた人のようにも感じられて楽しいのかもしれませんが、**化粧品の自己流のブレンドは、皮膚科医から見れば化粧品の効果が低下し、皮膚トラブルのリスクが高くなるだけ。自分の肌が大切なら、やめるべきでしょう。**

〝間違いのない努力〟をすれば、いい状態の肌になれる

その人それぞれにとっての〝**いちばんいい状態の皮膚**〟**になるには、もともとその人が持っている素因を知ることが大切**です。ニキビができやすいとか、乾燥肌であるとか、アトピー性皮膚炎を持っているなど、それぞれの人が悩みを抱えつつ〝理想の肌〟をイメージしていることと思います。そして、「理想の肌に近づきたいが、なかなか到達できない」という方がほとんどでしょう。

肌のタイプは人それぞれですが、肌の目指す方向や理想像は、多くの人で違いはあまりありません。

誰もが理想とする肌——それは、色ムラや乾燥のない肌であり、シワとかたるみが少ない肌ではないでしょうか。

もともとの素質で状態がよくない人は、その〝理想の肌〟をあきらめるべきかというと、そんなことはありません。**個々のレベルで、ここまではよくなれるという可能性は絶対みなさん持っているのです。**努力をすれば、みんな向上はできます。

達成度から見れば、バラつきはあるかもしれません。でも、そこであきらめて努力しなかったら、また下降してしまうこともあります。**スキンケア、エイジングケアは、どんな肌質の人、またどんな年代の人にも必要なこと**なのです。

ですから、**何を使ってスキンケアをするかは、実はとても大事。**

心と皮膚はつながっています。心がささくれ立つようなときには肌荒れを起こすものです。使うたびにうれしくて気持ちを豊かにしてくれる化粧品を使うことで、満足感が得られ、それがあなたの肌に、よりよい結果を与えてくれるのは間違いないのです。

アトピー症状を改善する、最低限かつ最高の方策は「保湿」！

アトピー性皮膚炎に悩む人は、非常に多く、年々増えています。

アトピー肌には、基本的に、遺伝的な素因がどこかにあります。

そのひとつは、角層内で天然保湿因子（ＮＭＦ）のもととなるタンパク質「フィラグリン」や、角層の「角質細胞間脂質」が少ないこと。そのために皮膚のバリア機能が低くなっているのです。それらが正常レベルに完全にもどることはおそらくありません。だから、何か刺激が加わったりすると、そこに湿疹などの炎症が起きやすいわけです。

けれど、あきらめることはありません！

スキンケアで保湿してバリア機能を高めていけば、炎症が起きにくい皮膚――正常の肌と同じような皮膚――の状態を保つことが可能になるのです。たかが保湿と思うかもしれませんが、**保湿は、何よりも大切で、効果の出るスキンケアなのです。**それを覚えておいてください。

また、アトピーの患者さんはアレルギーを起こしやすいという特徴があります。大人の場合、アレルギーの原因の多くは、ダニ、埃、カビという、外から皮膚に影響する物質です。乳幼児期だと、食べ物のアレルギーといった体の内側からの関与がありますが、成長とともに消化管が発達して大人になれば、食物アレルギーの問題はかなり少なくなります。

というわけで、**外から皮膚に触れてくるものが問題なので、バリアを高めるスキンケアをしっかりすることで、皮膚のアレルギー反応はかなり抑えられるのです。**

遺伝的な体質を変えるのは非常に難しいけれど、症状を起こさなければいいわけで、そのためにできることはたくさんあります。そのひとつがスキンケアなのです。アレルギーを起こしやすい体質のカバーや改善に、スキンケアが役立ってくれるのです。

私がアトピーの患者さんで行った治療例があり、たいへん参考になりますので、紹介しましょう。皮膚の炎症が治まって〝軽い乾燥だけ〟になった人の両腕の、片方には保湿剤、もう片方には何も塗らずに比較したら、保湿剤を塗り続けたほうはアトピーの炎症が再発することはなく、何も塗らないほうは炎症が起きるのが早かったという結果になりました。

アトピーの患者さんで大事なのは、

・**炎症が起きている場合は塗り薬で炎症を抑えること。**
・**炎症が治まったあとは、保湿剤で保護し続けること。**

そうやって辛《つら》い症状がやわらいでいくことで、肌のバリア機能が復活し、再び悩む必要がなくなっていくのです。**保湿剤を塗って皮膚を保護するスキンケアが、結果としては炎症まで予防できる**というのは、驚きでしょうか。

そしてもうひとつ、アトピーで問題なのはかゆみですね。かゆみがあると、引っ掻いてしまいます。そうなると角層が壊れるわけですから、バリアも壊れてしまう。バリアが壊れたら、炎症を起こす物質が入ってきやすくなるわけで、炎症もかゆみもひどくなり、また引っ掻く……という悪循環に陥るのです。

アトピーをよくするためには、単純に引っ掻くことを減らせばいい。そうすれば皮膚の炎症がなくなっていって、だんだんよくなっていくものです。

皮膚というのは刺激を加えれば、どんどん炎症を起こしていくものなんです。ですから、刺激を与えない工夫が必須なのです。繰り返しますが、その刺激を減らすための最善策が「保湿」というわけです。

皮膚科医が考える、「スキンケア」と「治療」の境界線

「ニキビや肌荒れも化粧品で治しちゃおう」なんて人たちもいますが、化粧品ではケアできない〝治療が必要なライン〟というのがあるので、化粧品への過信はたいへん危険です。

皮膚が赤くなったとか、炎症が起きているとか、かゆみがあるとか、ブツブツしているとか、ポロポロ皮が剝《む》けているというのは、皮膚疾患、つまり病気であり、医療が必要な状態です。

治療して、その症状は改善したものの、〝治りきったとは言い切れない段階〟というのがあり、その時期がそれなりに続くのが一般的です。つまり、症状として見えなくなっているけど、何かが続いている状態。この**「落ち着いているけど完治していない肌の状態」を悪化させないように保つのがスキンケア**です。

われわれ皮膚科医は、スキンケアを「治療のサポート」としても捉《とら》えています。ですから、治療とともにスキンケアの指導をすることも多いのです。

治療を要する〝病的な状態〟を脱すると、〝まだ正常にまで戻っていない状態〟が続きます。このときからすべきことが、スキンケアによるホームケアなんです。

なのに、皮膚科を受診する患者さんの中には、症状を悪化させて来院され、「こんな状態を、スキンケアでなんとかしたいのですが、無理でしょうか？」という方が非常に多いのです。医療や医薬品に頼るのはできる限り避けたいと思っている人、〝自然治癒〟とか〝自分の回復力〟を夢見ているような人は、とても多いのです。

「スキンケアで治る」と過信したせいで「治療」をせずに悪化させてしまい、耐え切れなくなってようやく病院に足を運ばれたのでしょうけれど、もうちょっと早く来てくだされぱよかったのに。こうなる前に「治療」をすればよかったのに……と思う患者さんは、たくさんいます。

このように、診療をしていると、スキンケア用品に対して過度の期待をしている人が非常に多いのを感じます。確かに、「スキンケアで美しい肌を保とう」と謳《うた》われた化粧品を見つけたら、それを使えば美しい肌になるような気持ちになってしまうのかもしれません。〝ひどい状態の肌〟でも、この化粧品で美しくなるんじゃないかと……。

しかし、正確にいえば、〝美しさ〟を〝保つ〟ためには、まず美しくなっていなければいけないわけです。**皮膚に病的な症状があるとしたら、まずはその病気を治すこと**です。そのあとに、未病の段階を持続させるのが「スキンケア」ということになります。

スキンケアの守備範囲への理解を、絶対に誤らないようにしないと、たいへん危険です。

正しいスキンケアは

「心豊か」にする不思議な連鎖を生みます

新しい化粧品を購入するときに、あなたはどんな気持ちになるでしょうか？　そこには〝喜び〟という感情がわいているはずです。

化粧品というのは、決して安いものではありません。ある程度満足感が出るものであれば、それなりの価格のものになります。

化粧品の価格というのは、その商品そのものの原価だけでなく、ＰＲ料やブランドに対するイメージ料なども含まれています。それを含めて、「いいものを手に入れた！」という喜びを与えてくれるのが化粧品です。実際、「いいものを手に入れた」という満足感が、「これを使って美しくなろう」という期待を高めてくれるわけです。

期待や喜びは、心を豊かにします。実は、この**「豊かな気持ち」が、皮膚にもいい影響**

を与えてくれるのです。

おもしろいことに、化粧品を買って使うことで生まれる「豊かな気持ち」は、連鎖のようにその先へとつながっていきます。

具体的にいうと、購入したときに、まずワクワク感がありますね。実際にそれを使ってみて、「感触がいい」「使い心地がいい」としみじみ感じることで、心はゆったり幸せを感じるでしょう。〝皮膚が深呼吸する感じ〟とでもいえばいいでしょうか。さらに「私の選択は間違ってなかった」という満足感につながります。

しかも化粧品は毎日使うものです。満足のいく気に入った化粧品を、毎日毎日自分の顔につけるという行為は、毎日「幸せを感じる」作業を重ねているということ。それは、**ただ肌の調子を整えるという目的を越え、肌だけではなく心をほぐし、確実にやわらかくやさしい表情を作るもとになる**でしょうし、周囲から「なんだか最近、きれいになったけど化粧品変えた？」なんて反応が出ることもあるかもしれません。人から評価されたら、ますますその化粧品への愛着がわくし、今のキレイを持続させようと、化粧品以外の生活にも気を配るようになると、いい連鎖がエンドレスに続いていくことも大いにあり得るわけです。

化粧は、「化ける」という文字を使いますが、意図的に人を騙《だま》すものではなく、自分自身も、自分の周りも、知らないうちにいい意味で騙されて、いい方向に行くというものだと私は思っています。自分も周りも騙されて、みんなハッピーになっていく。自分はきれいになったという満足感を持っている人の周りにいるだけで、周りも幸せになるものです。

たかが化粧品と思うなかれです。そんな不思議な力が化粧品にはあることを、ぜひ感じてほしいですね。

第3章

「正しいエイジングケア」の基本

エイジングケアって何？
エイジングケア化粧品はどうやって選べばいい？

アンチエイジング。この言葉を知らない人はいませんよね。老化は予防したいし、改善したいものです。

エイジングとは、つまり老化のこと。美容の世界では、老化に対するケアのことを「エイジングケア」といいます。

「皮膚のエイジングサイン」は、シミ、シワ、たるみとされているので、主にこれらに対するスキンケアが「エイジングケア」です。

ただし、肌のエイジングは、紫外線と乾燥に大きく影響されることがわかっているので、**紫外線ケアと保湿ケアをおろそかにしたエイジングケアはあり得ません。**

最近は「酸化」が体を〝錆《さ》びさせる〟ということが知られてきたせいか、「酸化防止」

や「抗酸化」の作用を持つ成分を含んでいるのがアンチエイジングの化粧品——というイメージになってきていますが、**抗酸化作用だけでは、エイジングケアは不十分**ではないかと私は思います。

皮膚に対する抗酸化作用は、研究のデータがいろいろ出ているので広く知られるようになってきましたが、実は少し前に、「抗糖化」が注目を集めました。おかげで**糖化がエイジングにつながる**ことはわかったのですが、はっきりした防止策はまだ難しい状況です。試験管の中で出たデータをそのまま皮膚に当てはめて効果をアピールするのは少し早急すぎる気がします。ですが、今後重要なポイントになってくるかもしれませんので、ぜひ「抗糖化」という言葉を、頭の片隅に残しておいてください。

エイジングケア化粧品の売り文句で、「細胞を元気にします」というアピールもよく聞きますが、それは「シワが伸びる」とか「シミが薄くなる」のとは違う話です。たとえば、「単に細胞を元気にする」のであれば、シミを作る細胞が元気になったらメラニンをいっぱい作ってしまうことになってしまって、結果が真逆になってしまいます。化粧品に関する新しい情報は続々出てくるので魅力的だと思いますが、飛びつく前に「何をしてくれる化粧品なのか」説明を聞かなければいけませんね。

皮膚のエイジングは、シミ、シワ、たるみとされているのだから、それらに対して多少なりとも効果を出せるものが入っていないと、あるいはそういうアイテムが揃っていないと〝アンチエイジングの化粧品〟という言い方はできないでしょう。たとえば、シワができるメカニズムに直接関係している部分に働きかけて、効果を発揮できる成分が入っているなら、〝アンチエイジングの化粧品〟といっていいと思います。

では具体的に、何をどう選んだらいいのでしょうか？

自分が気になるエイジングサインに対応しているもの、気に入っているメーカーのもの、雑誌などで評判のよいものなどがあるでしょうけれど、やはり実際に使ってみないとわからないので、一概にはいえません。ただ、**「自分でいい変化を実感できる、いい状態を維持できる化粧品を選びましょう」**ということになると思います。

毎日それを使わないと、なんとなく不安になるくらいのもので「昨日あれを使い忘れたから調子悪いのかしら」とか「これは使わないとまずい」と、なんとなく思わせる化粧品。その実感は大事ではないかと思います。

薬だったら、飲み忘れるだけで次の日に症状が出たり、塗り忘れることで赤くなったりして結果がすぐ見えるので、決められた量を決められた時間に使うように医師から指導されるのですが、化粧品というのは1日使わなくとも急激に症状が変わるわけではありません。だからサボったり忘れることもあると思うのです。にもかかわらず、「使わないとなんとなく調子がよくない」と思わせるというのは、いい化粧品の証拠ではないでしょうか。

サンプルなどで試して気に入ったら購入し、そして**サボらず使う。**エイジングケア化粧品の存在価値はそこかもしれません。

自然に任せた皮膚が美しい。
——本当にそうでしょうか？

「高級な化粧品を使って肌を甘やかしちゃいけない」とか「自分より大人世代の化粧品を使うと、肌の力が落ちる」などという人がときどきいます。

診療の現場でも似たようなことがたまにあります。「これは効果の高い薬ですから」と、それなりに強い薬を処方しようとすると、拒否感を示されることがあるのです。

「強い薬は怖い。弱い薬を使って、自分の治癒力を生かしながらよくなりたい」という患者さんは少なくありません。そういうことを言う方は、〝自然治癒力〟とか〝自然美肌力〟のようなものに大きな期待感があるんでしょうね。

でもそれは、残念ながら自分自身への過信であり、そもそも、**「弱い薬を使ったら自己治癒力が上がる」という事実は、少なくとも得られていません。同じく、強くて効果の高**

いものを使うと肌の機能が低下するということもありません。ですから、〝肌を甘やかさず鍛える〟っていうのが、どういうことをイメージしているのか、私にはわかりません。

薬でいえば、〝症状に合った強さの薬〟を処方するのが、正しい治療です。症状に合っていない弱い薬を「効かないなあ」と思いながら続けることのほうが、体にとってよくないことだと思いませんか？　化粧品も同じです。

スキンケアをしなければ、いくらいい食事やいい睡眠をとったとしても、肌は乾燥してしまいます。そして紫外線のダメージを防がなければ、早くからシミやシワも現れるでしょう。

〝自然治癒力〟に何かを賭けたいのかもしれませんが、自然に任せた皮膚が、歳《とし》を取ったときに美しいかといったら、やっぱりそんなことはないと思います。この本で定義する「ツヤと透明感のある皮膚」には遠いのではないかと思いますね。

30年後にもきれいな皮膚でいたいなら、今すべきことは違ってきます

何を美しいと思うか、どんなふうになりたいかは人それぞれ違いますから、「私は化粧はしません」と言う人に「いや、したほうがいい」と一生懸命説得することはしません。でも、ずっとスキンケアを続けてきて、ライフスタイルもきちんとしていて、健康的に過ごしてきた人と、面倒くさいからと顔も洗わず寝たり、ずっとタバコを吸ってきた人の皮膚を比べたら、質感は明らかに違うはずです。

正確には、人生の最後の最後にならないと結果はわからないかもしれませんが、何もケアせずに美しい皮膚を保てる人なんて、奇蹟の肌質の持ち主で、ものすごく少ない。そんな人に、あなたはなれると思いますか？　その自信が持てないなら、きちんとケアをして、着実に〝美しい肌の人〟を目指すほうがいいんじゃないですか？

30年後の自分を、ぼんやりとでいいので想像してみてください。

そのときにある程度の美しさでいたいと思ったら、今からすべきことが必然的に違ってくると思います。

まず、お腹の調子を整える、睡眠を毎日たっぷりとる、規則正しい生活を心がける、栄養バランスのいい食事をする……といった **〝お金をかけない美容〟** は基本でしょう。そこから、ある程度お金をかける **〝化粧品によるスキンケア〟**。と同時に、酒、タバコを控えめにしていく……。特別なことはありません。でも、それこそが **30年後を狙ったエイジングケア** なのです。

10年、20年経《た》ったら、新しい情報が出ていたり、新しい化粧品も開発されているでしょうし、そのときに応じて、必要なものを追加していったらいいでしょう。美容にしても医療にしても、非常に熱心に研究開発されており、日進月歩です。より高い効果の出るものが出てきているはずです。

大事なのは〝エイジング前のエイジングケア〟

エイジングケアを何歳くらいから始めるべきか？

これについて誤解している人が多いので、きちんとお話ししておきましょう。

ある女性の患者さんから、「30代ではまだ早いですよね？」と聞かれたことがありましたが、30代で早すぎるということは絶対ないと思います。

たとえば、シワ。

シワは、でき始めはうっすらとしていますが、徐々に固定されてはっきりと深くなります。

つまり、**シワは、一度できてしまったら、毎日持続してそこにできてしまうもの**なんです。そして、深く刻まれていく……。10代の若さでも、たとえば笑ったところにシワはできていますよね。ですから、「エイジングケアなんて関係ない」と思っているような若いうちからシワを防ぐ意識は必要だと思います。

ちなみに、シワが固定されないようにボトックス注射を打っておくとか、ヒアルロン酸注射をして溝を伸ばしておくことも、いいことだと思います。

できてしまったシワを何とかしようというのではなく、できる前から、シワができにくい濃厚なケアをしておくこと。〝転ばぬ先の杖〟としてやるべきでしょう。**シワが刻まれてからあれこれ手をつくしても、完全に消えることはありません。**ところが、シワが出ないように肌のハリを保つことはできます。一日でもシワができるのを遅らせることが、エイジング対策には大切でしょう。

〝エイジング前のエイジングケア〟。これからはそういう考え方になっていくと思いますね。

すると、いわゆる**「エイジングケア化粧品を使うことだけが、エイジングケアではない」**ということに気づいてもらえると思います。

オゾン層の破壊もあって、日本でも紫外線ケアが小学生から必要になってきました。さまざまな活動で屋外で過ごすことが多い子供は、大量の光を浴びているのに、サンスクリーンをまったくつけないというのは問題だと思います。**屋外でスポーツなどの活動をする**

人は特に、10代から紫外線ケアをすべきだと思います。これもエイジングケアの一環だと思うのです。

シミだけじゃなく、シワも紫外線が影響している

34ページで少し触れましたが、近年の研究によって、シワができるメカニズムもだいぶわかってきました。

以下については、かなり専門的なので、理解したい方だけ読んでくだされば大丈夫です。

日光性弾力線維症の研究というのがあります。紫外線の刺激により、表皮細胞から出された伝達物質のサイトカインが、真皮の線維《せんい》芽《が》細胞《さいぼう》に働きかけます。**線維芽細胞**というのは、**コラーゲンや弾性線維のエラスチンを作る細胞**で、ある種の酵素を使ってコラーゲンを作り出す、すなわち**肌のハリにたいへん役立つ細胞**です。ところがサイトカインの影響でその酵素の活性が抑えられてしまうと、コラーゲン線維を束ねてピンと張らせる弾性線維としては異常なものができてしまう。つまり、コラーゲンをピンと張らせる機能のない

〝異常な弾性線維〟が大量に作られてしまうため、真皮のハリ・弾力が低下してシワが固定されてしまう……というメカニズムです。**紫外線によって〝異常な弾性線維〟が増える**ため、に皮膚のハリが低下して、シワができやすくなるわけです。このような紫外線によりシミやシワができることを「光老化」と呼んでいます。これからしばしば目にする言葉になっていくでしょう。

紫外線ケアをしないと深いシワが刻まれる、と経験として知っていたことが、研究によってそのメカニズムが解明されると〝防ぐ手だて〟もわかりますね。紫外線を防ぐことは、エイジングケアにとって重要。これはまぎれもないことです。

シミを取る治療を変えたレーザー治療

化粧品の話から、少し寄り道します。

ここ十数年で美容クリニックが増え、美容的な治療を受ける人もずいぶん増えてきました。その大きなきっかけとなったのが、**レーザーでシミが取れるようになった**こと。さまざまな機械が登場し、使い方にも工夫がなされ、シミ治療に関してはかなり完成の域に達していると思います。

ただし、シミやほくろの種類をきちんと診断して適切に照射をしないと、うまくいかないこともあります。間違った治療をすると、逆にシミを濃くしてしまったり、効果を出せなかったりします。ですから、レーザー治療を希望する人は、皮膚科や形成外科といった皮膚の専門科を受診するのがいいと思います。

ここで、美容治療でよく使われる代表的なレーザー治療を4つご紹介しましょう。

●**炭酸ガスレーザー（CO_2レーザー）**：皮膚の水分に反応して熱エネルギーとなり蒸散させるレーザー。そのため、盛り上がりのあるイボやほくろ、シミを平らにする治療に向いています。治療時間そのものは短時間で終わりますが、痛みはありますので麻酔が必要で、若干出血することもあります。

●**ルビーレーザー、アレキサンドライトレーザー**：レーザーは、光の波長のある部分だけを取り出して照射するので、取り出す光によって性質が違います。この2つのレーザーの光は黒い色素に吸収される性質を持つので、シミやほくろ、アザの治療に使われます。シミの黒い部分に熱ダメージを与えて焼くわけです。シミのない部分の皮膚にはダメージを与えません。シミの部分はかさぶたになり、やがて取れますが、新しく現れた皮膚はレーザーの熱でやけどをしたような状態なので、炎症後の色素沈着が起きて、いったんは治療前よりも濃い色になります。それが治まるまで3～6ヶ月かかることもありますし、シミを取り切れるまで2～3回の照射が必要なこともあります。また、照射した部分の皮膚は紫外線に弱いので、しっかりした紫外線ケアも必要です。照射後の皮膚に赤みや腫《は》れ、かさぶたなどが現れて日常生活に影響する期間をダウンタイムといいますが、この治療は1週間から2週間ほどのダウンタイムがあります。

●ＩＰＬ（フォトフェイシャル、ライムライトなど）：ＩＰＬというのは、幅広い波長の光を照射するのでレーザーではありませんが、シミやくすみや美肌治療によく使われる光治療器です。パワー設定さえ間違えなければ、皮膚に赤みや腫れが出ることもないのでダウンタイムが短く、当日はお化粧をして帰れるほど。翌日からシミの部分に細かく薄いかさぶたができて、洗顔のたびなどに自然に落ちていきます。幅広い光を当てるのでシミや色ムラのほか、肌のキメや弾力をよくする効果も得られます。ただ、濃いシミが一度で取れるということはありませんから、繰り返し治療する必要があります。

●肝斑レーザー、レーザートーニング（ヤグレーザー）：肝斑にレーザーを当てると逆効果で色が濃くなるので、最近まで「肝斑にレーザーは禁忌」でした。しかし設定や照射法を工夫して、肝斑に効果のある治療法ができました。肝斑に刺激を与えないように少しずつ、数回の治療が必要です。また、この治療を行っている医師はまだ多くはありません。

シワ、毛穴の開き、ニキビあともレーザーで治療ができる

もう少し、レーザーの話を続けます。

レーザーで治療できるのは、シミや色ムラだけではありません。肌の凹凸、つまりシワやニキビあと、毛穴の開きも治療できます。

「フラクショナルレーザー」という機械は、皮膚を点状に穴をあけるのが特徴。１㎠に２０００個、針穴のように表皮から真皮上部まで熱を入れて穴をあけるので、その部分が修復されるときにコラーゲンが生成されて、シワ部分が浅くなったり、ニキビあとの凹みが盛り上がってきたりします。コラーゲンが新しく作られることで肌のハリも高まります。痛みもダウンタイムもある治療ですが、肌の凹凸の治療に効果があるので広く使われるようになってきました。

また、脱毛用のアレキサンドライトレーザーを使った「レーザーフェイシャル」という治療法もあります。これは弱めのパワーで肌の表面全体を照射する方法で、表皮がきゅっと引き締まって毛穴が目立たなくなり、肌の色調も明るくなり、治療後はじわじわと肌のハリも増すので、ファンの多い治療法です。赤みや腫れ、かさぶたなどで日常生活に支障が出るダウンタイムもほとんどないのもありがたがられます。ダウンタイムの期間が長いと、仕事に差し障る人もいますからね。

シワとたるみに効果があってダウンタイムがないのは、「近赤外線」を使った治療。皮膚のかなり深いところまで赤外線が入りますから、真皮、そして筋肉レベルまで軽い熱変性を起こします。それを修復する過程で新たにコラーゲン線維が作られるので、顔全体がきゅっと締まった感じになります。もちろん、たるみを引き上げる手術のような効果ではありませんが、ダウンタイムがなく、人にさとられることなく自然にたるみやシワや毛穴の開きが改善するというのが好まれているようです。

私自身も、シミ取りやシワ取りのレーザーなど、自ら知るためにいろいろな美容治療を受けています。日本で最初に受けた、というものも中にはあります。自分が受けてみれば、安全性や効果やダウンタイムなどいろいろなことがわかるので、適切な評価もできるようになりました。

レーザーや注射などを使う美容治療は、病気の治療ではないし自由診療ですから、基本的に自己責任で行うものです。効果があるからここ十数年で広まりましたが、医療である以上、リスクも当然あります。アンチエイジングとしての効果を期待して受けるのでしょうから、いい結果を得て満足できるようにするためには、**クリニックや医師選びは慎重に**していただきたいと思っています。

第4章

化粧品の正しい知識を身につけましょう

化粧品とは、自分自身を〝内側から〟高め、豊かにしてくれるツール

化粧品というのは、なくても生きていけるものです。ですが、多くのみなさんは、大切なお金を費やして化粧品を購入し、それを使っています。

いったい、なぜなのでしょうか?

それは、化粧品が、〝自分の皮膚の表面をつくろってくれる〟だけのものではないことを知っているからではないでしょうか。化粧をすることで、自分の気持ちや、生き方や、人に与える印象や接し方など、さまざまな面を高めてくれるものであることを、みんな心の底でわかっているように思えるのです。**いろいろな意味で自分を豊かにしてくれる**ものだと。

人は、素顔で化粧なしのときは、相手の目を見られなかったり、ちゃんと対応できなか

ったりするもんですよね。でも、きちんと化粧をしたときは、堂々と相手の目を見て話せる。そうすると、相手にも印象が残り、相手や周囲からの評価も高くなる。そしてそのことを、あなた自身が相手の表情から感じ取ることができるから、うれしくなってもっと自信がつくし、もっときれいになろうと思う。——**化粧品が持つ魅力とは、そんな〝いい循環〟を作り出すきっかけになること**だと私は思うのです。

化粧品は、自分の気になるところをカバーするだけのものではありません。**化粧した人の気持ちを盛り上げて後押しするような、化粧した人を積極的に豊かにしてくれるような、そんなツール**でしょう。

たとえば、自分の肌に触れたときにしっとりして心地いいというのは、それだけで大きな満足感を得られると思います。たったそれだけでも「小さな幸せ」を感じるのではないですか？

反対に、ニキビが一個できただけでも、この世の終わりみたいに思うことだってあるわけです。赤い斑点がぽつんとできただけで、周りの人が見ているような気して、嫌だ嫌だと気にして常に触って、隠そうとして、かえって悪化させてしまう……。けれど、化粧品できれいにカモフラージュできれば、鏡を見て安心して、その日を過ごすことができますよね。おかげで、触りすぎたり隠そうとしたりしないから、患部が刺激を受けず、治癒も早まる。そんな不思議な力を持っているのが化粧品です。

食べるのが好きな人には食べすぎという問題がついてまわります。ギャンブル好きな人は大金を失う可能性がある。——人間がのめり込んでしまいがちなものには、取り返しのつかない〝落とし穴〟がけっこうあると思うのです。ところが、化粧品につぎ込んで財をなくしたという人は聞いたことがありません。もちろん、化粧品にも高いものはあるし、自分の満足感のためにマニア的になったりする人もいるでしょうが、前出の２つとは根本的に違います。

化粧品は、無理なく幸せを与えてくれる存在ではないでしょうか。体に無理をさせず、それどころか、逆に得られる満足度は高い。**化粧なんてしなくていいや、という考えは間違い**だと思うし、これからもずっと残って大事にされていくものだと思います。

化粧品もそろそろ〝ある程度は皮膚に入る〟ことを認めないとイケナイ

化粧品とは、「健康な皮膚をさらに健康にする、美しい皮膚をさらに美しくする」ものです。

皮膚科医の視点でもっと具体的には、

「化粧品は、正常な皮膚をさらにいい状態にするために皮膚の表面で働いて、しかも作用が緩和なもの」

という定義になります。ちょっと難しくなってしまったので、簡単にいえば、

「化粧品は、ちょっとはいいことがあるけれども、そんなに強くない、そんなに効かない」

という定義です。

今読んでいる方は、えっ、効くの？　効かないの？　と疑問に思われたかもしれません。でも、正確に説明しようとするほど、それぐらいとても微妙なさじ加減の話になってしまうのです。

化粧品は、薬、いわゆる医薬品ではありません。医薬品は、悪い症状に対して〝治す〟ことが目的になるので、先ほどの定義でいえば、効かなくては意味がないわけです。でも、**化粧品は、医薬品でないがために、過度に効いてしまってはいけない。いい効果が出るのは、皮膚の表面（表皮のいちばん上の角層）まで**で、そこから先の表皮や真皮などには浸透しないという条件で、いい作用をしなくてはいけないのです。

なんだか、奥歯にモノが挟まったような表現ばかりで、みなさんも「？」が浮かんでしまったのではないですか？

なぜこんなに面倒な表現をしているかというと、先ほども言ったように、化粧品は医薬品ではないということから、「薬事法」で、皮膚の表面より下に作用しないことになっているのです。でも、「皮膚の表面より下に入らずに作用して、肌をいい状態にしなくちゃいけない」というのは、どだい無理な話です。皮膚表面の機能を高めるだけでは、シミやシワを改善するような大きな効果や満足感は得られないので、**皮膚表面の角層から表皮、さらには真皮のところまでは作用が入っていかないと、いい状態を保つのは難しい**と私は思っています。

「薬事法」があるので、化粧品が角層よりも先に入ると堂々と言えないのが今の現状ですが、そろそろ「化粧品はある程度、皮膚の中に入って作用する」ことを国もメーカーも、そして消費者も認める時期が来ているのではないでしょうか。

これは多くの専門家も避けてきた話ではあるのですが、2013年に起きたカネボウの一件では、化粧品で白斑ができてしまうことが明らかになりました。白斑は表皮だけの問題ではないので、「確実に、皮膚表面より下に入った」ことを示しています。そろそろ、この部分にもきっちり触れていかなければならないのでしょう。

「化粧品は皮膚の中に入らないから、100%安全よ」というのは、もはや神話ともいえます。だから、**コンディションの悪いところに化粧品を使えば、それだけトラブルが起こる可能性もある**、という意識はどこかに持っていたほうがいいでしょう。

化粧品の目的は、「治す」のではなく、「予防」と「改善」

「化粧品はある程度、皮膚の中に入る可能性がある」とお話ししましたが、化粧品＝効くもの、という表現は正しくありません。

雑誌やネットなどを見ると、「これが効きました！」「肌が改善した！」という表現をよく見かけます。何度かお話ししていますが、**化粧品は薬ではない**ので、たとえば「アトピーが化粧品で治った」ということは言えません。あくまでも、アトピー性皮膚炎を「治す」のは「医療機関での治療」です。

でも、**化粧品を使ったらアトピーがよくなった**、という方もいます。それは、アトピー性皮膚炎そのものが治療されて治ったというよりも、アトピー性皮膚炎で起こっていた肌乾燥やキメの乱れなどが、その人の肌に合う化粧品をつけたことで、肌乾燥やキメの乱れが落ち着いた、ということではないかと考えられます。これは、「治った」のではなく、「改善されてきた」という表現が正しいのです。あるいは、アトピー性皮膚炎は自然によくなったり悪くなったりします。よって、たまたま化粧品を使った時期が、よくなるタイミングと合っていただけかもしれません。

また非常に微妙な話ですが、化粧品に「治る」という期待をするのは、誤りです。**化粧品の立ち位置は、皮膚に起こっているトラブルを「治す」のではなく、あくまでも「改善方向に向かわせてくれるもの」**なのです。

また、化粧品がもっとも力を発揮してくれるのは、**予防**としての効果です。たとえば、肌が乾燥する冬に向けて保湿化粧品をしっかりと使うことで、肌の乾燥を防いで、肌荒れなども防御することができます。**先手先手で化粧品をうまく使っていけば、「トラブルを起こさない肌」をキープすることができる**わけです。

「治す」力を期待するよりも、季節や自分の体調などを考慮して、先を見越して先手で「予防」として化粧品を考えていくことが大事ですね。

「医薬部外品」と「化粧品」の違い、わかりますか？

みなさんが使っている基礎化粧品やメイクアップ化粧品は、一般的に「化粧品」と呼ばれています。が、ボトルやパッケージの裏あたりに「医薬部外品」という文字がついているのを見たことがありませんか？

実は、**薬事法という法律によって、化粧品は、大きく「医薬部外品」と「化粧品」の2つに分かれているの**です。ちなみに、医薬部外品は化粧品の一部であるため、「医薬品」とはまったく違います。

「医薬部外品」と「化粧品」の違いについて簡単に説明してみましょう。

「医薬部外品」は、効果を積極的に謳えるものです。というより、効果がなければ医薬部外品にならない。効果を示すための試験とか、安全性の試験とかをかなり時間をかけて行うことになります。それをクリアしたものが医薬部外品と呼ばれ、「効能」を与えられるわけです。

一方で、「化粧品」は、医薬部外品のように効能は謳えません。万人にトラブルなく、より安全に使ってもらうことが目的となるので、その分、**医薬部外品のような効果・効能は現れず、「示せない」**ということになっているのです。

現在、厚生労働省が認める医薬部外品には、シャンプーやリンス、化粧水、クリーム・乳液・ハンドクリーム等、日焼け止め、パックなどがあります。それなりの試験をクリアすれば、その効果・効能は謳えます（１０４・１０５ページ表参照）。

現在、医薬部外品として謳っていい効能は56あります。ですが、無制限に謳えるわけではありません。その基準は厳しく、２０１１年に、10年ぶりに「乾燥による小ジワを目立たなくする」という効果が認可され、話題になったほどです。

さて、「医薬部外品は効果が謳える」といいましたが、**「その作用は緩和なものでなくてはならない」**……という、非常にデリケートかつグレーな部分を含んでいます。それはあまりに効きすぎると、「医薬部外品」から「医薬品」になってしまうからです。

でも、研究開発の現場にいたら、そのデリケートな部分で止めるのは非常に難しいわけです。「効かせるもの」を作るよりも、途中で止めることは難しい。

の効能・効果の範囲（一部抜粋）

種類	効能・効果
クリーム 乳液 ハンドクリーム 化粧用油	・肌を引き締める ・肌を清浄にする ・肌を整える ・皮膚をすこやかに保つ ・皮膚に潤いを与える ・皮膚を保護する ・皮膚の乾燥を防ぐ ・乾燥による小ジワを目立たなくする
ひげそり用剤	・かみそり負けを防ぐ ・皮膚を保護し、ひげそりをしやすくする
日焼け止め剤	・日焼け・雪焼けによる肌荒れを防ぐ ・日焼け・雪焼けを防ぐ ・日焼けによるシミ・ソバカスを防ぐ ・皮膚を保護する
パック	・肌荒れ、荒れ性 ・ニキビを防ぐ ・脂性肌用 ・日焼けによるシミ・ソバカスを防ぐ ・日焼け・雪焼け後のほてり ・肌をなめらかにする ・皮膚を清浄にする
薬用石けん (洗顔料を含む)	＜殺菌剤主剤のもの＞ 皮膚の清浄・殺菌・消毒 体臭・汗臭及びニキビを防ぐ ＜消炎剤主剤のもの＞ 皮膚の清浄、ニキビ、かみそり負け及び肌荒れを防ぐ

※ほかに、育毛剤、染毛剤、パーマネントウェーブ剤、浴用剤などもあります。
作用機序によっては、「メラニンの生成を抑え、シミ、そばかすを防ぐ」も認められている。

医薬部外品の化粧品

種類	効能・効果
シャンプー	・ふけ・かゆみを防ぐ ・毛髪・頭皮の汗臭を防ぐ ・毛髪・頭皮を清浄にする ・毛髪・頭皮をすこやかに保つ ・毛髪をしなやかにする
リンス	・ふけ・かゆみを防ぐ ・毛髪・頭皮の汗臭を防ぐ ・毛髪の水分・油分・潤いを保つ ・裂け毛・切れ毛・枝毛を防ぐ ・毛髪・頭皮をすこやかに保つ ・毛髪をしなやかにする
化粧水	・肌荒れ、荒れ性 ・あせも・しもやけ・ひび・あかぎれ・ニキビを防ぐ ・脂性肌用 ・かみそり負けを防ぐ ・日焼けによるシミ・ソバカスを防ぐ ・日焼け・雪焼け後のほてり ・肌を清浄にする ・肌を整える ・肌をひきしめる ・皮膚をすこやかに保つ ・皮膚に潤いを与える
クリーム 乳液 ハンドクリーム 化粧用油	・肌荒れ、荒れ性 ・あせも・しもやけ・ひび・あかぎれ・ニキビを防ぐ ・油性肌 ・かみそり負けを防ぐ ・日焼けによるシミ・ソバカスを防ぐ ・日焼け・雪焼け後のほてり

それに、ユーザーの肌の状態もさまざまです。ある人には効きすぎることもあるかもしれないし、また別の人には効かない濃度になってしまうこともある。

ですから、医薬部外品であっても、どこまで信用し、どういう効果が得られるかということは、ぼんやりとしか謳わない、謳えないわけです。**現代の日本において、美容的な効果を証明するというのは非常に難しい**ことなのです。

よりよい化粧品を評価するために作った「化粧品機能評価法ガイドライン」

一部の化粧品に関しては、〝ある程度は皮膚に入る〟ことを認めないといけない、とお話ししたばかりですが、この話は、美容業界で堂々とすることはできません。それは「薬事法」という法律があり、それが壁となっているのです。

この薬事法の化粧品の項目は、昭和の時代からあまり変わっていないのが現状です。2001年に化粧品に配合されている成分を「(旧)表示指定成分」→「全成分表示」に変えたのが大きな変革だったぐらいです。化粧品は日々変化しているのに、薬事法自体の修正・進化はなかなか進んでいないというのが実態なのです。

頼みの綱の医薬部外品に関しても、保湿・UV・美白の3ジャンルで、2011年にやっと「乾燥による小ジワを目立たなくする」という項目が加わったという程度。

みなさんが気になるシワやたるみといったアンチエイジングなジャンルは、まだ認定成分がないため、医薬部外品のジャンルには入っていません。化粧品ユーザーの使い勝手と法規制に少しズレが生じ始めているのかもしれません。

そこで、**日本香粧品学会というところで、化粧品機能評価法のガイドラインを作りました。**私はその委員長を努めました。機能性化粧品とは、医薬部外品に近い概念なのですが、アンチエイジングなどの項目も対象にしています。

さらに、**メーカーごとに評価基準や検査基準がまちまちだったものをこのガイドラインで一定して評価していこう**と考えたのです。それによって、「有効性」の評価を客観的に認められるものにしようと考えていますが、メーカーと研究機関、医師や専門家との連携、さらには行政の認知など、課題もまだ残されています。

でも、よりよい化粧品をきちんと評価するためにはガイドラインは必要なことです。一般の方には少々難しいレポートかもしれませんが、こちらにガイドラインが掲載されていますので、お時間があるときに確認してください。

日本香粧品学会ホームページ「化粧品機能評価法ガイドライン」
http://www.jcss.jp/journal/guideline.html

化粧品の〝満足感不足〟は、〝使う量不足〟と比例します！

「肌に合う化粧品を使っているのに、イマイチ満足度がない」という方も少なくないでしょう。そういう人は、もしかしたら、**化粧品の使用量が間違っているのかも**しれません。化粧品には、それぞれ使用量が明記されていますが、それをきちんと読んで用量を守っているという人は、あまり多くないはずです。なんとなくの目分量で使っている人が、私の周りでも多いようです。

皮膚科の分野で、「1FTU（ワン・フィンガー・ティップ・ユニット）」という考え方あります。チューブ状の軟膏薬《なんこうやく》をつけるときに、大人の人差し指の、指先から第一関節までの長さで軟膏を出すと、ちょうど両手の面積を塗るのにちょうどいいといわれています。結構多い量だなと感じたのではないですか？　でも、ふつうに軟膏を渡しただけでは、そこまでの量を塗らない人がほとんどです。指先にちょっとつけてなじませてしまう程度ですませてしまうので、圧倒的に量が少ないわけです。特に、アトピー性皮膚炎などの場合、薬を怖がる方もいて、「少しだけつけています」という方もいますが、それでは治りが遅くなって、結局いつまでも薬を使うことになってしまうのです。

化粧品にも、この「ちょびっとづけ」の体質があるようですね。真珠一粒大とか500円玉大など表現はさまざまですが、まずは、**化粧品のパッケージや、メーカーのHPなどをチェックして、自分の使用量が正しい量なのか確認してみる**といいでしょう。

高い美容液などを買った場合、もったいないからちょびっとづけ、という気持ちはわかりますが、それで満足度が得られなければ本末転倒です。満足度がないと結局やめてしまって、無駄遣いになってしまうのですから。

最近では、押すと自然と1回分が出てくるというアイテムもあるようなので、そういうものを選べば、適量を守ることができます。

化粧品を購入するときに、1回あたりに使用する分量はもちろん、この1本は1ヶ月で使い切るものなのか、2ヶ月なのかなどを確認すると、目安になりますね。

保湿は贅沢にしましょう。「ちょびっとづけ」の体質の方には、「これじゃ〝じゃぶじゃぶ〟では？」くらいの量がよいかもしれません。

意外と間違っている使い方
——見直すだけで肌トラブルは減る

化粧品を使って、肌がかぶれた、赤くなったと言って来られる患者さんの中には、**化粧品そのもののトラブルによって症状が出ているのではなく、「使用法のトラブル」が原因**ということも少なくありません。

どんなに〝いい成分〟の化粧品も、使い方によっては、肌に過度な刺激を与え、肌トラブルを誘発させてしまいます。この点は、みなさんにきちんとお伝えしなくてはいけないと思っています。第2章でも触れましたが、復習のためにおさらいしましょう。

代表的な例は、力の入れすぎです。

日本人は欧米人などに比べて、さっぱり洗顔を好む傾向があるといわれています。そのため、洗顔のときに指でゴシゴシと力強く肌をこすってしまいます。女性は男性に比べると情報が浸透しているので、「しっかり泡立てて、泡の弾力でやさしく洗うように」を実行している人もいます。が、**なんとなく洗顔している人は、自分が思っている以上に力を入れて洗顔していることが多いので注意すべき**ですね。

もうひとつは、コットン使いです。メイク落としや化粧水をつけるなど、コットンを使うときに、肌をこすってしまう人が少なくありません。こすりすぎは肌に過度な摩擦がかかるのでお勧めしません。また、コットンに化粧水を含ませて、肌にポンポンと叩き込みながらパッティングするという方法ですが、これもやりすぎている人が多いですね。肌が冷たくなるまで叩き込むと毛穴が小さくなると思っている人がいますが、そんなことはありません。逆に、強く叩いたり、長時間叩くと肌に炎症が起きて、肝斑などを誘発する可能性もないとは言い切れません。

叩けば叩くほど肌に化粧品が浸透するわけではありません。コットンを使用するなら、こすらず、肌に軽く押し込むような感じでつけるのがいいですね。

コットンを使わずに手のひらでつけるときにも、手のひらも小さな凹凸がありますから、こすりつけるようなやり方は肌を傷めてしまいます。こちらも肌に押し込むようにやさしくつけましょう。

つけ方を見直すだけでも、肌トラブルが改善するケースは少なくありませんよ。

〝過剰な期待〟は、化粧品の本質を見失ってしまう

医薬部外品の項でもお話しさせていただきましたが、化粧品は医薬品ではありません。ですから、「効く」とはいえないし、「治る」ともいえません。

ですが、みなさん、化粧品にとても大きな期待を持っています。実際、「これで肌ダメージが改善される」とか「肌が生まれ変わる」とか、さまざまなコピーが並んでいるし、さらに、クチコミで「アトピーが治った」などの治療レベルの表現も数多く見られます。

こういうコメントなどを見ていると、「化粧品＝救世主」と思ってしまいますが、**化粧品は本来、「皮膚の表面を正常に保つ、より健康に保つということ」ということが目的**で作られています。

もちろん、今までいろいろな部分でお話ししたとおり、有効な成分が見つかったり、分

子を小さくする技術が開発されたりなどしたら、肌にいい成分が奥まで届く可能性はあります。

でも、だからといって、「ダメージを受けている肌が見違えるように〝治る〟」「驚くほどの効果が出る」という言い方は、化粧品が持つ、本来の意味を見失ってしまっていることになります。

過度な期待を持てば、それだけ「医薬品」に近くなっていくわけですから、副作用というリスクも背負うことになります。**医薬品は、効く反面で、使い方や使う人によっては副作用を起こす危険があるもの**だからです。

化粧品は、どんな肌の人が使っても安全、ということで成り立っているため、副作用が出ないような配慮がなされています。安全を優先にすると、効果はその分薄れるという法則があります。でも、それは化粧品が持つ宿命でもあります。

化粧品はトラブルにダイレクトに「効く」ことが目的ではありません。過度な期待は化粧品の本質を半減させてしまいますので、一度、化粧品との向き合い方を、見直してください。

次では化粧品の本質について、触れてみたいと思います。

あなたは気にしていますか？
意外と無頓着な化粧品の〝賞味期限〟！

２０１３年は、食品偽装の問題が数多く取りざたされ、話題を集めました。みなさん、食べ物の産地をはじめとして、賞味期限にとても敏感ですよね。おそらく、スーパーで買い物をするときにも、賞味期限を見て、期限切れになっていないか確認して購入しているはずです。

化粧品にも、食品と同じように、賞味期限のような「使用期限」があることをご存じですか？

でも、すべての化粧品に記載されているわけではありません。薬事法の61条では、表記を義務づけられているのは、「アスコルビン酸、そのエステル若しくはそれらの塩類又は酵素を含有する化粧品」と「製造又は輸入後適切な保存条件のもとで3年以内に性状及び品質が変化するおそれのある化粧品」となっています。

ですから、使用期限が明記されていない化粧品は、未開封の状態で製造後、3年以内に化粧品が変色したり、劣化したりする可能性がない、ということで、表記が義務づけられていないのです。

でも、だからといってすべての商品が100％安全とは限りません。というのも、保存状態は人それぞれだからです。メーカーサイドもそういったケースを想定し、安全面を配慮して商品を作っています。

でも、クリームの蓋を長時間開けたままにしていれば、当然雑菌が付着します。直射日光が当たるところに化粧品を置いておけば、酸化を早めてしまうこともあります。冬場ストーブの前に長時間置いておくのもよくないですね。また、無添加と呼ばれる防腐剤フリーのものを菌が付着する環境で管理すれば、安全性はかなり低くなってしまいます。使う側の「管理」がとても大事になってくるわけです。

基本は、

- **直射日光に当てないこと。**
- **高温で保存しないこと。**
- **ボトルに指を入れるなど、直接化粧品に触れないように、スパチュラなどは清潔**

にしておくこと。

・ボトルやチューブの蓋はしっかり締めること。

・使い切りのものは二次使用しないこと。

当たり前のことばかりですが、こういった正しい管理が大事です。

また、中身が変色しているもの、臭いが変わってきているもの、テクスチャーの印象が以前と違うもの、以前はなかった脂浮きなどがしてきているものは、劣化してきている可能性があるので、使用は控えたほうがいいでしょう。

スキンケア化粧品の場合は、未開封で3年は持ちますが、開封すると使用期限はもっと短くなります。できるだけ早く使い切ったほうがいいですね。

メイク化粧品の場合は、目安としてはファンデーションで1年。口紅は2年を過ぎると、においが変化したり脂などが浮いてくる可能性もあるようです。

あなたはまだ、
〝無添加神話〟を信じていますか？

取材などで「先生、化粧品は無添加のほうがいいんですか」とよく質問されます。確かに、化粧品のコピーを見ると、〝無添加〟を売りにしている商品が多く発売されています。

では、逆に、私からみなさんに質問をしてみましょう。

「無添加がいいと思う理由は何ですか？」

多くの人は、「ケミカルなものは肌によくない」とか「成分がナチュラルなもののほうが肌にやさしい気がする」と答えるのではないでしょうか。

患者さんの中にも、化学的・人工的なものは体に悪く、自然なものがいいという〝感覚的な答え〟が多いように感じています。〝無添加〟という言葉に、安心感や期待感を持つのかもしれませんね。

無添加の化粧品の代表的なものだと、「防腐剤が入っていない」ことを謳っているものがあります。〝パラベンフリー〟とか〝保存剤フリー〟と書いているものですが、実際には、パラベンフリーだからケミカルなものが一切入っていないわけではなく、パラベンだけ除いて、ほかの防腐剤を入れているものもあります。ちなみに、パラベンというのは、防腐剤のひとつです。**パラベンフリー＝防腐剤フリーといっているわけではない**ことを覚えておいてください。このあたり、正確に理解することが大事ですね。

「防腐剤が入っている化粧品が怖い」という方は、「スキンケアするたびに防腐剤が肌に浸透してしまう」と連想されるようです。

が、よく考えてみてください。

防腐剤がない化粧品というのは、一度指を化粧品の中に入れてしまったら、指に付着していた菌が入ってしまい増殖してしまう可能性もあります。無添加で冷蔵庫保存を基本にしている化粧品もありますが、使う人によっては、冷蔵庫に入れ忘れてしまう人もいるかもしれない。日常生活の中にはさまざまな菌がいます。また、カビも生えるかもしれません。防腐剤フリーとはそういうリスクもあるということなのです。

もちろん、今挙げた例は極端な話ですが、化粧品の安全性ということで考えると、私は**害のない防腐剤だったら入れてもいい。逆に、入っている化粧品のほうがより安心だ**と思っています。

美白化粧品による白斑のニュースや、食品偽装の問題なども数多く出てきたため、安全神話が崩れてしまったように感じるかもしれませんが、食品にしても化粧品にしても、**日本の安全基準は世界の中でも非常に高く、安全だ**といわれています。

化粧品も、商品になるまでに、みなさんの想像よりも多く安全テストを繰り返しているのです。近隣のアジア諸国の富裕層は、安全性の高さから、日本の化粧品好きが大へん多いといいます。

もちろん、感覚的に無添加が好き、無添加の使用感が好き、というのは好みの問題です。でも、〝無添加＝安全〟という**「無添加神話」は、都市伝説**に近いぐらい根拠がないことだと思ったほうがいいかもしれません。

「天然成分」「オーガニック」だから安全……とは言い切れません

「無添加」と同じように、化粧品の世界で人気なのが「天然成分」や「オーガニック」というキーワードです。雑誌などで特集が組まれたり、化粧品売り場でも専門のコーナーなどができているという話を耳にします。

「無添加」もガイドラインが曖昧ですが、この「天然成分」や「オーガニック」も、私たち専門家から見ると、不思議なカテゴリーの化粧品だと思っています。

本来、オーガニックとは〝有機〟という意味で、一般的に、農薬や化学肥料などを使わない有機肥料で穫れた野菜や果物、そういった餌を食べた家畜、さらにそういった素材を使った加工品などを指すときに使います。化粧品もそのひとつです。

でも、**「オーガニック（有機）」は、まだ、統一で決まった厳密な規定があるわけではあ**

りません。さらに、国によってもその基準はさまざまです。

化学肥料や農薬を使わず、栽培している畑の周辺まで、厳密に制限しているものもあれば、作物を育てるのは有機栽培だが、葉についた虫は、最終的に消毒液につけて落としている、というサプリメントもあると聞いたことがあります。栽培の過程はオーガニックでも、その先の業者が異なったりすると、ケミカルなものを使っているケースもあります。何をもってオーガニックと定義するのかという議論はまだ行われていないというのが実態なのです。

とはいえ、「オーガニック」という言葉のイメージが女性にウケるのは、私もよくわかります。また、ケミカル＝怖い、という概念が広まってしまって、それがオーガニックコスメのブームに拍車をかけているような気がします。

でも、**オーガニックだったらかぶれず、かゆみが出ないというわけではありません。**みなさんの多くは「天然のものは体に害がない」と思いがちですが、そんなことはありません。天然のものでも、体に害があるものはたくさんあるし、食品アレルギーがあるように、天然のものにアレルギー反応を起こす方もたくさんいます。《ケミカル＝化学物質＝有毒》、《オーガニック＝天然成分＝安全》という図式は間違った解釈で、《オーガニック＝天然成分＝有毒》もあり得るのです。

もちろん、化粧品は嗜好品でもありますから、オーガニックコスメの香りが癒されるとか、つけ心地が好き、雰囲気やパッケージが好きという選び方は間違っていません。でも、**「オーガニックは絶対安全」という捉え方は、そろそろ見直す時期**に来ているのかもしれません。

「手作り化粧品」は、かなりアブないスキンケアです

「オーガニックコスメ」の延長線上で、コアなファンがいるのが、「手作り化粧品」と呼ばれるものです。実は、この**手作り化粧品による肌トラブルは少なくありません。**

手作り化粧品で肌トラブルを起こした方に、使ったものを聞いてみると、「野菜や果物をすりつぶして肌に塗った」とか「緑茶でパックをしてみた」と、みなさんいろいろな方法を試されているようです。昔だと、「キュウリを水につけておいて、それを化粧水がわりに塗る」というのもありました。

でも、高価な有機栽培のキュウリを購入して天然水でつけたとしても、雑菌が入れば腐敗してしまうことも……。「手作り化粧品は究極の自然派化粧品だから安全」という法則は成り立たなくなるわけです。

さらに、前にお話したように、**一般的にメーカーが作っている化粧品は、通常の生活環境の中では、トラブルが起きにくいような処理が行われています。**パッケージはきちんと消毒され、安全性を確認したうえで、製品が入れられます。また、使う人によって保存状態も違うだろうということまで考慮して、問題が起きないように処置されているのです。そういった**製品の安全面に、多くの化粧品会社は多額の費用をかけている**わけです。化粧品の値段には、そういう部分も含まれているのです。

こういった安全面を、手作り化粧品では、自ら行わなくてはなりません。パッケージを煮沸して、使う素材の安全性や菌などの付着がないかなどを確認するのは、素人では限りがあります。

また、手作り化粧品でトラブルが起きた人に、なぜ手作りにしたのか理由を聞いてみたところ「ケミカルなものよりも食べられる素材のほうが肌にいいと思ったから」というお話が多くて驚きました。

「食べられるものは肌にも使える」というのは、一見理にかなっていそうに見えますが、口の粘膜と皮膚とでは、構造と免疫力が違います。口の中では問題が起きなくても、皮膚にその素材をつけたとたんに、アレルギーを起こすものもあります。

少し前に起きたお茶の葉を使った石鹸によるトラブルも「食べられる素材だから肌につ

けても安心」と思った人が多かったようですが、食品用の加水分解コムギのアレルギーでトラブルが起き、重篤な症状が出た人もいました。**自然のものだから、食べられるものだから安全というのは、まさしく都市伝説**なのです。

特に、手作り化粧品など自然なものを好む方の中に、乾燥肌やいわゆる敏感肌などに悩んでいる人が多く、藁《わら》をも摑《つか》む思いで頑張っている人も少なくないようです。でも、**肌トラブルが起きている方が、このような手作り化粧品を使うのは、ますますリスクが高まる可能性が大きい**と思います。手作り化粧品を使い続ける場合は、そういうリスクもしっかり認識してほしいですね。

化粧品の安全性は、いかに守られているか？

皮膚が、構造の違う3つの層からなっていることは説明しましたが、表面の角層のバリアが壊れたり乾燥したりすると、不安定になり、トラブルを起こしがちになります。

そんな皮膚に対して使う**化粧品は、さまざまな配慮や安全性を考えて作られなければいけない**と思います。

肌への働きかけが強すぎて刺激になってもいけないし、まったく効果を感じなければ満足してもらえない。〝ほどよい効果と実感〟を目指さねばならない化粧品を作るのは、本当に大変な作業だと思います。

化粧品メーカーの日夜の努力は、目を見張るものがあります。現在では、厳密に管理された工場で、安全性の高い化粧品が作られるようになっています。

近年、皮膚科の治療の仕上げとして、または症状の再発予防として、保湿ケアが必須だということが常識になりつつあり、そのために「スキンケア化粧品」が使われるようになってきました。アトピーやニキビで悩む患者さんが快適に日常生活を送れるように、症状を悪くしないメイクアップ製品が作られているのは、みなさんよくご存じでしょう。ドラッグストアに行っても、たくさんの種類の商品が並んでいますよね。こうした化粧品開発については、皮膚科学会でも研究発表が行われているほど、盛んなんですよ。

もちろんすべての化粧品がそうとはいえませんが、**不安定な状態の肌を安定させたり、治りかけの状態を刺激から守るために皮膚科医も使うほど、化粧品の安全性は高くなっているのです。**

私は、医学と化粧品がうまくコラボレーションすることで、化粧品が持つ魅力がもっと引き出せるようになればいいと考えています。そのためには、**ベースに〝健康な皮膚のサイエンス〟が絶対必要**ですから、われわれ皮膚科医も一生懸命協力していかないといけません。

何度もお話ししていますが、カネボウの白斑のトラブルや、茶のしずく石鹸でのアレルギートラブルなどが、起こりました。こうしたことを見ても、危ない化粧品は排除されていく動きに持っていく必要があると思います。

化粧品会社だけでなく、自分でも安全管理に関心を持ってみよう

2013年に起こった美白化粧品のトラブル以来、化粧品の安全性について、心配している方はずいぶん増えたようです。

基本的には、化粧品の原則として、トラブルが起こらないように作っています。ですから、昨年のようなトラブルが発生するのは、稀《まれ》と考えるべきです。しかし、**同じアイテムでも、使う人の肌はそれぞれ違う**ということは覚えておかなければいけません。

また、肌の状態も日々変化するので、100%常に安全、と言い切ることも正直できません。メーカーサイドが慎重に商品開発をしていくことはもちろん必要不可欠なのですが、それと並行して、**使う側も「自分に本当に合う商品であるか」など、安全性を見抜く目を持つことも必要**なのです。

そのひとつの尺度となるのが、化粧品に記されている**「全成分表示」**です。現在の化粧品は、どんな成分が使用されているか全表示になっています。微量でも入っているものは表示されているわけです。ですから、過去に自分が使って、肌がヒリヒリしたとか、なんとなく違和感を覚えた、肌が赤くなった、肌荒れが起きた、という場合は、何が入っていたのかチェックしてみるといいでしょう。

1種類の化粧品によるトラブルだったら、たくさん成分がある中で、なんの成分が自分に合わないかわからないかもしれませんが、**合わない製品がいくつか重なっていけば、自分にとってNGな成分が次第に絞れてきます。**自分で絞れない場合には、**合わない化粧品をリスト化**して化粧品メーカーなどに相談してみるのもいいでしょう。

全成分表示ということは、メーカーサイドとしては、「こちらは成分を見せているので自分に合うものを選んでくださいね」と選択の責任をユーザーサイドに委ねているということでもあるわけです。

ですから、私たちユーザー側も、「化粧品会社にすべてお任せ、きっと安全なんでしょ!?」というスタンスではなく、自分に合った安全性の確認を把握していくことも必要なのです。

第5章

自分に合う、正しい化粧品探し

肌タイプにこだわりすぎるよりも、〝保湿〟にこだわりを

化粧品には、「乾燥肌用」「混合肌用」「脂性肌（オイリー肌）用」「敏感肌用」と肌タイプを分けているところがあります。患者さんにも「私はどのタイプを使うといいですか」と質問されることがあります。

皮膚科医の視点から見ると「脂性肌用」の化粧品というのは、ある程度ニキビを悪くしないという意味であって、ニキビを治す化粧品ではないですね。「ニキビの方が使って大丈夫」「ニキビを少なくとも悪くはしません」という保湿剤であったり、ローションであったり、ということです。

「敏感肌用」は、肌が敏感な人が使ってもまずは大丈夫という意味で、敏感肌を治すものではない、ということは認識してほしいですね。

これらの肌分類は、メーカー各社それぞれが決めた肌のガイドラインです。

もちろん、化粧品を購入する際に、自分の肌タイプに合ったものを買えば失敗は少ないかもしれませんが、タイプ事態が曖昧な定義でもあるので、そればかりにこだわってしまうと、自分の肌に合わないものを選んでしまうことになりかねません。

どんな肌でも、スキンケアの基本はやさしい洗浄としっかりした保湿。脂性肌（オイリー肌）であっても、乾燥肌であってもこれは同じです。さっぱりやしっとりという使用感は、好みの問題もあるので、肌タイプにこだわらず、いろいろ使ってみることが大事かもしれません。

さらに、**肌は年齢、環境や体調などで日々変化します**。乾燥していることもあれば、脂浮きすることもあります。**肌タイプを固定せずに、自分の肌と向き合って、乾いていればたっぷり保湿、脂浮きすれば洗顔を丁寧にするなど、臨機応変に対応していくほうが、美しい肌を保てる**と思います。

皮膚科医にとっての「敏感肌」は〝乾燥肌〟です

本章の冒頭でも触れましたが、美容業界において、肌質を示すカテゴリーの中に、「敏感肌」といわれるものがあります。化粧品メーカーやメディアでは、化粧品などの外的刺激に対して敏感に反応してしまう肌のことをそう呼んでいます。「自分は敏感肌だ」と言う方も、意外に多いですよね。

ですが、実は、皮膚医学的には、「敏感肌」という定義はありません。

では、敏感肌とは一体何なのでしょうか？

敏感肌といわれる部分の肌水分量を計ってみると、健康な肌に比べて水分量や皮脂が少なく、乾燥しがちないわゆる「乾燥肌」になっているケースがほとんどです。敏感肌をアトピー性皮膚炎のようなアレルギー体質と考える人がいて、「私は敏感肌なので、アトピー性皮膚炎になっているのではないか？」と心配する人がいますが、実際にはアトピー性皮膚炎になっている人は少ないのです。

敏感肌は、水分や皮脂不足で肌のバリア機能が低下し、肌が敏感になっている可能性がありますので、**水分・脂分を肌に補う保湿ケアが必要**になります。保湿を行うことで、確実に、症状が軽減するはずです。

ですが、敏感肌といわれる方には「私は何を使ってもダメなんです」という感覚的な表現をされる方がとても多いのが特徴です。「乾燥を補うために化粧品を使用しようと思っても肌が敏感に反応してしまい、ピリピリ、ヒリヒリなどの違和感が出てしまう」とおっしゃる方が多いようです。肌感覚に対して敏感な感受性があるのかもしれません。

治療であれば、「医薬品を使ったあとの肌に若干の刺激はよくあることです、それは肌にこんな働きがあって……」と説明できますが、化粧品は、肌疾患を治すためのものではなく、いい状態をよりよくしていくのが役割です。そう考えると**無理に刺激がある化粧品を使い続ける必要はありません。**

でも、先ほども申し上げたように、実は肌が乾燥していることが理由で、刺激を強く感じてしまっている人も多いので、まずは**保湿を徹底させると刺激が抑えられ、使用できる化粧品の幅を増やすことができる**と思います。

さらに、肌を敏感にする原因は、クレンジングやマッサージ、タオルドライでの刺激、過度な紫外線刺激、ストレスや睡眠不足なども考えられます。

保湿もして、肌への刺激を抑えても、化粧品などに肌が敏感に反応してしまう場合は、軽度のアトピー性皮膚炎が考えられるので、皮膚科医などに相談してみるといいでしょう。

化粧品でアトピー性皮膚炎は治らないが、あとのフォローには必須

私は診療の現場で、アトピー性皮膚炎の患者さんに多くお会いします。そうすると「先生、私、化粧品でアトピーが治りました」とおっしゃる方がいます。これについては、第2章でも書きましたが、もう少し、化粧品とアトピーの関係について、深めていきましょう。

残念ながら、アトピー性皮膚炎が化粧品で治るというのは、まったくエビデンス（証拠）のない話です。そのような臨床試験は行われていませんし、化粧品でアトピー性皮膚炎という炎症を治せるわけはないのです。

ただし、アトピー性皮膚炎という病気は、皮膚の炎症を起こしたあとに、**炎症自体は鎮静化しても、「乾燥」が肌に残ってしまう場合が多い**のがひとつの特徴です。

そして、その**乾燥した肌をスキンケアでしっかりと保湿してあげると、まったく何もケアしない肌に比べ、次の炎症が再燃してくるまでの時間が違う**、というデータがあるのです。別の言い方をすると、**しっかり化粧品を使って保湿してあげると、アトピー性皮膚炎を繰り返す速度が遅くなる**、ということです。

ですから、アトピー性皮膚炎の治療で、医師から処方される塗り薬のステロイドホルモンなり、タクロリムス軟膏などの医薬品で炎症を治めたあとに、化粧品で保湿をしっかり行うことで、より確実に再発が防げるというのがわかっているのです。

炎症が起きている間は、化粧品の使用は考えて行わなくてはいけませんが、炎症が治まったあとの乾燥した皮膚に対して保湿剤としての化粧品を使うというのは、逆に、医療だけではフォローできない部分です。**皮膚科医として、化粧品の助けを借りるのは絶対必要**だと思っています。

でも、それは「化粧品でアトピーが治った」ということではありません。あくまでも治療後の肌をフォローアップしたというだけです。「化粧品でアトピーが治る」という表現は嘘になるので、慎重に言ってほしいですね。

メイクをすることでアトピーの症状が落ち着くことがわかってきました

タイトルを見て、「先生、何をバカなことを言っているの？」と思ったアトピー性皮膚炎の患者さんもいることでしょう。

でも、アトピー性皮膚炎と化粧の関係は、日本香粧品学会でも発表された研究レポートなのです。

アトピー性皮膚炎に悩んでいる患者さんにアンケートをとってみると、メイクをしたいと考えている人は、少なくないようです。ただ、「肌にメイクをしたらトラブルになるから怖い」「トラブルが出ないように慎重になっている」という方が圧倒的に多いようです。

ここで誤解してほしくないのですが、もちろん、症状が激しく出ているときは、メイクはしないほうがいい場合もあります。

ですが、アトピー性皮膚炎の患者さんにとって「メイクをしたいのにメイクができない」というストレスは非常に大きい。「メイクで気になる部分を隠したい」「メイクで少しでもきれいにしたい」という気持ちを抑えているがために、素顔で外に出るのがどんどん辛くなっていく……というのは、たいへんなストレスです。ところが、**メイクをすることでそのストレスが緩和できると、結果的にアトピー性皮膚炎の症状緩和にもつながる**ことが、わかってきました。

アトピー性皮膚炎の方の診療を続けてわかったことですが、多くの場合、精神的なストレスによって「掻いて」しまうのです。みなさん「掻くと気持ちいいから」と言います。そんな患者さんに、ストレスを軽減させる工夫を繰り返したところ、「掻くこと」が減り、そうすると患部がどんどんきれいになっていき、結果的にアトピー症状が軽減した、というケースをたくさん見てきました。ストレスの軽減を甘く見てはいけないのです。

女性にとって、メイクは自己演出するためにとても大事なものです。特に、アトピー性皮膚炎の方は、肌にコンプレックスを持っている方も多く、その肌をメイクによってきれいに見せることができたら、という願いを持っている方が実はとても多いのです。

メイクをすることで、気持ちが明るくなり、生活そのものが元気に明るくなるというケースが多いと聞きます。また、メイクをすることで、常に顔を触るクセがなくなり、アトピー性皮膚炎の再発頻度が少なくなるというケースもあるようです。

アトピー性皮膚炎の方がメイクする場合は、自分の肌に合った刺激が少ないアイテムを選ぶことが大事です。ドラッグストアなどで自分で選ぶよりも、肌の状態などを見てもらえるカウンターなどで相談するほうがいいかもしれませんね。さらに、肌にファンデーションなどをのせるときにはこすらないように、やさしくつけることが必須です。

メイクで気持ちを元気にする、という部分は医療では補えない部分です。ですが、私たち皮膚科医も、化粧品の力の大きさをきちんと知って、**医療と化粧品を上手に使いながら、治療に役立てていきたい**と考えているのです。

化粧品を変えて合わない感じがするときは、少し休んでまた使ってみる

私のところでよくある相談が「化粧品を変えたら、肌にトラブルが出ました」というもの。

そういう場合には、「じゃあ、いったん肌の状態をよくしてから、もう一回度その化粧品を使ってみましょう」とアドバイスすることにしています。

多くの患者さんは、「え？　先生、この化粧品を変えなくていいんですか？」と言うのですが、化粧品を変えてからトラブルが起きたということは、もう少し前の記憶も遡《さかのぼ》って、「どうして化粧品を変えたか」ということにまずフォーカスすべきなのです。

この場合、「使っていた化粧品で肌が改善されなかったから、新しい化粧品に変えた」というのがほとんどです。そう考えると、化粧品を変える前から肌のコンディションが悪

かったということになります。その悪いコンディションは何だったのかを考えてみれば、今使っている化粧品がトラブルの原因ではないことが見えてくるわけです。結局何を使ってもトラブルが起きていた、もともとトラブルが発生していた、という線が濃厚になってきます。

こうやって、私は探偵のように、過去の状態にまで遡って原因を探っていくわけです。なかなか自分では、こうやって冷静に、探偵のように分析できないかもしれませんが、**化粧品を変える際には、変える理由などを書き残しておくと、そのあと肌トラブルが発生したときに、変える前の肌状態が原因だったかどうかが一目瞭然で判断することができます。**

もしも、前から肌の状態が悪かった場合は、まずは、悪い肌のポテンシャルをしっかりと元に戻してあげましょう。しっかり保湿ケアなどをして、**肌の状態が戻ったら、新しく変えた化粧品を使い直してみる。**

私のところに来る患者さんの多くは、肌の根本的な問題を解決したあとに、新しく変えた化粧品を使ってトラブルが再発したケースはほぼありません。

すべてを化粧品のせいにせずに、自分の肌の状態を冷静に見極める目を持つことも、美肌作りには必要なことなのです。

スキンケア製品を変えるとき

ときどき患者さんから「私に合う化粧品を教えてください」と言われることがあるのですが、残念ながら皮膚の専門家でもそこまではわかりません。**化粧品が合う・合わないは、実際に使ってみるしかない**のです。

自分の肌に合う化粧品かどうかを試す方法としてよく知られているのがパッチテストです。医療機関で行う場合は、背中に使いたい化粧品をつけて密封し、24時間か48時間後に反応をみるという方法を取ります。二の腕の内側につけて行う方法もありますね。

ですが、いずれのやり方にしろ、顔と体では皮膚の厚みが違うので化粧品の吸収の度合いが違います。**顔の皮膚のほうが体の皮膚より吸収しやすいので、反応が強く出やすい**ように思います。ですから、「顔につけて安全か」「自分の肌に合うのか」について調べるのに、背中や腕を使って正確に判断するのは難しいと考えています。

一番いいのは、やはり顔につけてみることです。でも、いっぺんに顔全体につけてはいけません。合わなかったら顔全体が真っ赤になる可能性もありますからね。**顔の一部、たとえば顎のあたりに数日続けてつけてみて、**問題がなかったら、自分に合う、使える化粧品だと判断していいことになります。

「新しい化粧品に変えたい」「使ってみたいけれど合うかどうか不安」という方は、いきなり製品を購入せず、まずはサンプルを使って自分で使用試験を行うことをお勧めします。

それから、化粧品の中には、使い始めてぴりぴり刺激を感じたり赤くなったり、さらにはブツブツが出ることを「好転反応」とか「悪いものが出ている」と言うことがあると聞きますが、これは明らかに肌への刺激になっている状態です。

化粧品は皮膚トラブルのない状態を、さらによくするために使うものです。使ってみて、一日でも状態が悪くなることを容認させるのは、薬ならありうるけれど化粧品としては無理な話です。**赤みや刺激、かゆみ、ブツブツが出たら、使っている化粧品をやめて皮膚科を受診してください。**

「クチコミ」や「稀少成分」という言葉には、少し慎重に

自分に合う化粧品がわからないときに、みなさんはよくインターネットで検索をするはずです。クチコミなどを頼りに、アイテムを選んでいる人も多いのではないでしょうか。

もちろん、クチコミ情報は、ひとつの目安として参考になりますが、過信は禁物です。**同じような肌タイプであっても、実際の皮膚の状態がそのまま同じということはありません。**アレルギーなどに関しては、個々それぞれ違うので、クチコミだけでは判断できない部分があるからです。

できれば、クチコミでいいなと思ったものは、サンプルをもらって数日試してみることが大事です。前項でも少し触れましたが、肌がデリケートな人は、そのままサンプルを肌に均一に伸ばして使うのではなく、パッチテスト的に使ってみるといいでしょう。サンプ

ルは少量なので、顔全体に使うとあっという間になくなってしまいます。ですから、少量をフェイスラインの際などにつけて、翌日また同じところにだけ塗布します。これを数日繰り返せば、パッチテストよりも正確な判断ができるので、もらったサンプル化粧品で肌にトラブルが起きないか結論できるのです。簡単にできるので、ぜひ試してみてください。

また、私がネットなどで検索していて気になっているのが、「稀少成分」が使われているという化粧品です。海外のモノが多いようですが、生物の毒を使っているとか、ぬめり成分を使っているとか、いろいろなものが、毎日のようにネットにアップされています。タレントさんなどが使っていると言うとあっという間に火がついて、一大ブームになりますよね。

特に、「この商品は、なかなか入手できない稀少成分が使われている」なんて書かれていると、さもありがたい感じがしますが、**皮膚科医の視点からすれば、「稀少成分であればあるほど、臨床例は少ないということになり、安全性に疑問がある」ということにもなる**わけです。

しかもそれが海外から輸入され、しっかりとした化粧品会社のものかもわからない場合は、安全性はかなり低くなります。そもそも、安全基準は各国で違います。海外でも大手ブランドの場合は、日本仕様にした安全基準をクリアさせていますが、名も知らぬメーカーの場合は危険です。「稀少成分」をありがたがる前に、少し慎重になることが大事です。日本の化粧品は非常に安全性も高いので、「〇〇の毒」とか「△△から少量取れるエキス」といった奇をてらった成分よりも、私はそちらをお勧めしたいですね。

コスメの価格の違いは、やっぱり肌に正直に現れる

最近は、コンビニでも化粧品が買える時代になりました。ドラッグストアはもちろん、100円ショップでも、低価格の化粧品を発売しています。プチプライス、いわゆるプチプラコスメといわれるものです。

そうかと思うと、1点10万円超えのクリームなどがハイブランドなどで発売になったりもしています。この価格差は、一体なんなのでしょうか。消費者であれば誰もが不思議に思うことでしょう。やっぱり安い化粧品は「安かろう」というポジションなのか、気になるところだと思います。

低価格のプチプラコスメは、かなり前から発売はされていました。現在は低価格層のユーザーが厚くなってきたことから、単に価格が安いだけでは売れなくなってきているよう

で、プチプラコスメのレベルはかなりアップしてきたと思います。

逆に、1万円以下の7000～8000円という価格帯がイマイチ売れず、価格帯を少し下げて3000～5000円ぐらいのゾーンを各社増やしてきているという噂も耳にします。好景気の実感がまだまだ届かず、化粧品購入価格を少し抑えるようにしているという女性も少なくないようですね。

プチプラコスメと3000～5000円のミドルプライスの化粧品を比べてみると、品質にあまり大差がなくなってきているというのが実態です。

だったら「プチプラでいいじゃないか」と思うかもしれません。もちろん、それで満足できるならば、プチプラでも十分かもしれません。でも、**化粧品は、中身の機能や成分だけが効果に現れるわけではない**のです。

化粧品の大きな〝効能〟は、この化粧品を使っているんだ、という満足感ではないでしょうか。

憧れていたブランドの化粧品を店頭で購入するときのワクワク感。家に帰ってパッケージから出して肌につけるときの高揚感。これらの**化粧品を手にする〝気持ち〟は、いわゆるひとつの〝有効成分〟と捉えていいぐらい、大きなウェイトを占めている**のです。

安くていい満足感を得られるならばベストですが、ある程度の価格帯になると、パッケージそのものに、そのブランドのアプローチが現れますし（実際、トップクラスのデザイナーがパッケージデザインをしているものが多い）、テクスチャーや香りなどにもこだわりが見え、それらがすべてのアイテムに反映されてきます。これこそが満足度につながるわけです。

10万円超えのクリームなどは、その究極の形なのでしょうね。この商品ができるまでの企業の研究、投資の仕方は、プチプラコスメとは大きく差があることでしょう。そうでなければ、価格にここまでの差が出ないはずですから。

もちろん、どの価格帯を選ぶかは、個人の自由です。しかし、「化粧品なら何でも同じでしょ。高くても安くても大した差がないわ」という考え方は見直すべきです。**化粧品の価格には、プラスアルファの価値が隠されている**ということを知って、どのゾーンを選ぶかを吟味してみると、もっと化粧品選びが楽しくなるかもしれませんね。

洗うものはプチプラ、補うものはちょっと頑張る、で配分する

プチプラコスメよりもミドルプライス以上のもののほうが満足度は高いとわかっていても、予算的に、すべてをミドルプライス以上にするというのは難しい……という人も少なくないでしょう。

そんなときは、私自身だったら洗顔をプチプラコスメにすると思います。

怒られてしまうかもしれませんが、実は私自身、たまにハンドウォッシュのソープで顔を洗って、家族に呆《あき》れられたりしています。皮膚科医なのに、とお叱りを受けそうですが、洗い流してしまうものは、そんなにリッチにしなくてもいい、というのが私のスタイルです。

もちろん、最近のプチプラコスメは品質も向上しています。もともとミドルプライスや

ハイプライスで販売して好評だったものを転用、応用することで新しい開発の費用をカットできるため、低価格にしているものも多いと聞きます。ですから、毎日使うコスメの一部分をプチプラコスメに変えるという選択は悪くないと思いますね。

そう考えると、洗顔剤はプチプラ、保湿関係はミドルプライス以上と分けて考えるのもひとつの手です。化粧水、美容液、クリームなどは、ちょっと頑張ってみるという選択がいいかもしれません。

でも、「高い化粧品だともったいなくて、ちびちびと使ってしまう」という話を聞いたことがありますが、これでは意味がありません。**いくら高い化粧品でも、適量よりも少ない量を肌に伸ばしてつけたのでは、いいコスメを使う意味がありません。やはり適量は守らないと、肌は潤い不足になってしまいます。**

もったいなく思いがちな人の場合は、**化粧水をプチプラに変えて、たっぷりつけてあげるほうが、肌にとってはいい**でしょう。化粧水は贅沢に、じゃぶじゃぶ使いましょう。

でも同時に、ちょっと頑張っていい化粧品を揃える、ということは、心を前向きにして、肌にもいい効果をもたらします。そういった意味でもすべてプチプラにせずに、少し頑張ったアイテムを加えてみることも私は必要だと思っています。

「清潔」を保つために、ボトルへの工夫も始まっています

無添加神話の項（118ページ）でもお話ししましたが、化粧品は、使う人によって、保存状態や使い方が微妙に違ってきます。使用方法が明記されていても、誰もが必ず、その使い方をするかは、正直わかりません。外出先から帰ってきて、菌が付着している指でクリームに直接触れる人がいるかもしれませんし、いろんな菌が浮遊している部屋で蓋を開けっ放しにしてしまうかもしれません。

そんなに神経質になる必要はないかもしれませんが、敏感肌用の化粧品や、「無添加」など防腐剤フリーの商品を扱うメーカーでは、清潔を保つための工夫をしているようです。

ずいぶん前から活用されているのが、スパチュラ。ボトルでクリーム状の化粧品を取るためのスプーン状の道具のことです。これがあると、容器に指を直接入れずにすみます。

以前はハイプラス化粧品だけの付属品でしたが、最近はプチプラコスメでもついているものが増えました。

でも、直接指を入れなくても、スパチュラが汚れていたのでは意味がありません。クリームを取って肌にのせたら、ティッシュなどでしっかり拭き取ることも忘れずに。そのままにしておくと菌が付着して、本末転倒なことになってしまいますよ。

また、最近では、チューブ状のボトルをプッシュするとメーカーが推奨する1回分の量が出てきて、化粧品が空気に触れない工夫が施されているものも目立ちます。化粧水でボトルロにコットンを当てて押すと、1回分が染み出すしかけになっているものなど、各社、空気に触れない工夫、直接触れない工夫を施しているものが増えているのです。

化粧品の成分に注目するだけでなく、そういった日本の化粧品に対する高い技術にも注目してみるとおもしろいですね。日本らしく、細部にまでユーザーの使い勝手、安全性にこだわった〝おもてなし〟化粧品が、これからどんどん増えていくといいですね。

効果・効能だけでなく、香りやテクスチャー含めて「化粧品」です

最近、化粧品が出ている雑誌の記事などを見ると「最新科学で〜」とか「最先端の○○成分のチカラで〜」などと難しいコトバが並んでいることが多いような気がします。

確かに、化粧品には多くの最新科学や医学の力が導入されています。ですが、そういったものすごい成分やものすごい技術だけが、化粧品の魅力ではありません。ものすごい技術や科学の力だけでいいのなら、化粧品は要《い》らず、「薬」でよくなってしまうからです。

化粧品と薬の違いは、**化粧品には、効果・効能以外の「遊び」の部分があること**です。

まず、購入するときのブランドイメージや、売り場のビューティーアドバイザー（BA）さんの接客対応、さらに、その化粧品のパッケージ、ラッピングなど、ありとあらゆる場面で心が躍らされます。さらに、凝ったボトルデザインであれば、それだけテンショ

ンは高くなります。

また、アイテムを開いたときにフワッと漂う香り、肌につけたときの感触……。こういったものすべて含めた形で、化粧品は「私が好きなもの」という位置づけになるわけです。

逆に薬は、遊びの部分は必要とされないので、心地よい香りもなければパッケージも必要以上に過剰な施しはありません。

そういった意味では、化粧品に対して、ハイスペックな〝効果〟ばかりを追い求めるのではなく、もっと**五感を研ぎ澄ませて楽しんでほしい**と思います。香りやテクスチャーや色みやデザインなどを感じて、化粧品の遊びをおもしろがる……そんな余裕が、最終的には高揚感を生んで、脳を活性化し、肌にもいい影響を与えるのではないかと私は思っています。

奇をてらった美容法は、肌を傷める可能性も……！

知り合いの方から聞いたのですが、「顔を洗わない」美容法が話題になっているそうですね。でも、皮膚科医からすると、何の根拠があるのか「?」でいっぱいになります。洗顔をしなければ、肌表面に溜まった汚れはもちろん、皮脂もつまり、肌表面に角質も溜まるので、炎症やニキビの原因になる可能性が高いと思います。

ほかにも、似たようなものでは、「肌断食」というのもあるようですね。洗顔したあと、一切のスキンケアをせずに、断食のような状態にすることだそうです。1~2日ぐらいそういう状態を繰り返したあと、きちんとスキンケアをすると、化粧水などの浸透が高まる、という論理だというのですが……。

これも、化粧水などの浸透が高まったように感じるだけ、というのが正確なところだと思います。1～2日何も保湿をしていないのですから、その分、肌は非常に乾いています。乾いた状態に化粧水をのせれば入ったような感覚になるのは当たり前です。美容的な効果がどこまであるのかは、正直さっぱりわかりません。

こういった不思議な美容法は、インターネットでも雑誌やテレビでもたくさん配信されています。洗顔法、マッサージなども、すべてとは言いませんが、医学的・科学的根拠に乏しいものが多いようです。もちろん、医学や科学的なエビデンスがすべてではありません。やっていて気持ちいい、なんか肌がよくなった、ということはエビデンスがなくてもあることです。

でも、そういったものの効果は100％ではありません。「効いた人がいるらしい」程度のものなのです。ですが、多くの人たちは、奇をてらった情報に飛びついてしまいがちです。**奇をてらったものは、それだけ失敗のリスクも高い。**やるやらないは個人の自由ですが、トライするならリスクも覚悟のうえ、ということを忘れないことです。

奇をてらう前に、「保湿」という基本を見直すケアをしてみることをおすすめしたいですね。「保湿」を見直して、丁寧な保湿を心がけることで、肌が見違えるように潤ってハリを取り戻すことを、ぜひ実感していただきたいものです。

化粧品に限らず、勉強でもダイエットでも、なんでもそうですが、人は基本を「当たり前すぎて……」と疎かにしがちです。でも、**「基本」が実はいちばん大事で、成功への近道なのです。**

美白のメカニズムを知れば、「美白化粧品」の正しい選び方がわかる

自分に合った美白化粧品をきちんと選ぶためには、美白のメカニズムについて知っておくことが大切です。

まずは、メラニンが大量に作られて皮膚内に溜まってしまうのを防ぐことが大切です。

31ページで、シミができるプロセスの中で、「シミができるのは、紫外線などでメラニンが過剰に作られるか、メラニンの受け渡しのところに問題があるか、排出に問題があるか、のどれかになる」とお話ししました。

美白ケアの化粧品は現在、以下のプロセスのどれか（または複数）に働きかけることで、メラニンを過剰に作らせず、過剰なメラニンを溜め込まないようにという効果を持たせています（やや専門的ですので、ちゃんと理解できなくても大丈夫です）。

●紫外線を浴びた刺激で表皮細胞から情報伝達物質が出て、メラノサイトにメラニン増産の指令を届けますが、この指令をブロックしてメラノサイトが〝増産態勢〟になるのを防ぎます。

●メラノサイト内でメラニンを作るのに必要なチロシナーゼ酵素の働きをブロックする。チロシナーゼ酵素の働きが悪くなれば、過剰にメラニンが作られることを防げます。

●作られたメラニンは、ちょうどみかんがネットに入ってるような形でメラノソームという袋にぎっしり詰め込まれ、メラノサイトの周りの表皮細胞に渡されます。このとき、メラノサイトは樹状突起という木の枝のような〝腕〟をぐーっと伸ばすのですが、腕が伸びなければメラノソームを渡せる細胞は少なくなるはず、という考えから樹状突起が伸びないように働きかけるアプローチもあります。

●チロシナーゼという酵素により作られたメラニンは、最初から黒くはなかったのです。表皮細胞に渡されたメラニンも元の薄い色に戻せば黒く見えない＝シミが薄くなるという考えで行われるのが「還元」です。

●シミの部分を顕微鏡でのぞくと、表皮の上部から深部までメラニンがぎっしり溜まっているそうです。つまり、スムーズに排出されれば、できてしまったシミにも効果が得られるはず。シミ部分のターンオーバーは滞っていることが知られていますから、代謝が滞らないように整えて、メラニンを抱え込んだ表皮細胞を早く追い出します。

これらの働きをふまえて、美白有効成分や、相乗効果が期待できる抗酸化成分や植物エキスを組み合わせて、美白化粧品が作られます。

「美白化粧品」という言葉は当たり前に使うようになっていますが、同じように見えて、**美白のアプローチはメーカーやブランドによって違います。**ここで示した内容が理解できなくても、わかっていただきたいのはこのことです。

シミを予防したいのか、今あるシミをなんとかしたいのかによっても美白化粧品の選び方は違ってきます。効果実感を得るためにも、その製品がどこに働きかけるのかを知って選ぶのは無駄なことではありません。

紫外線でメラニンが増産される仕組み

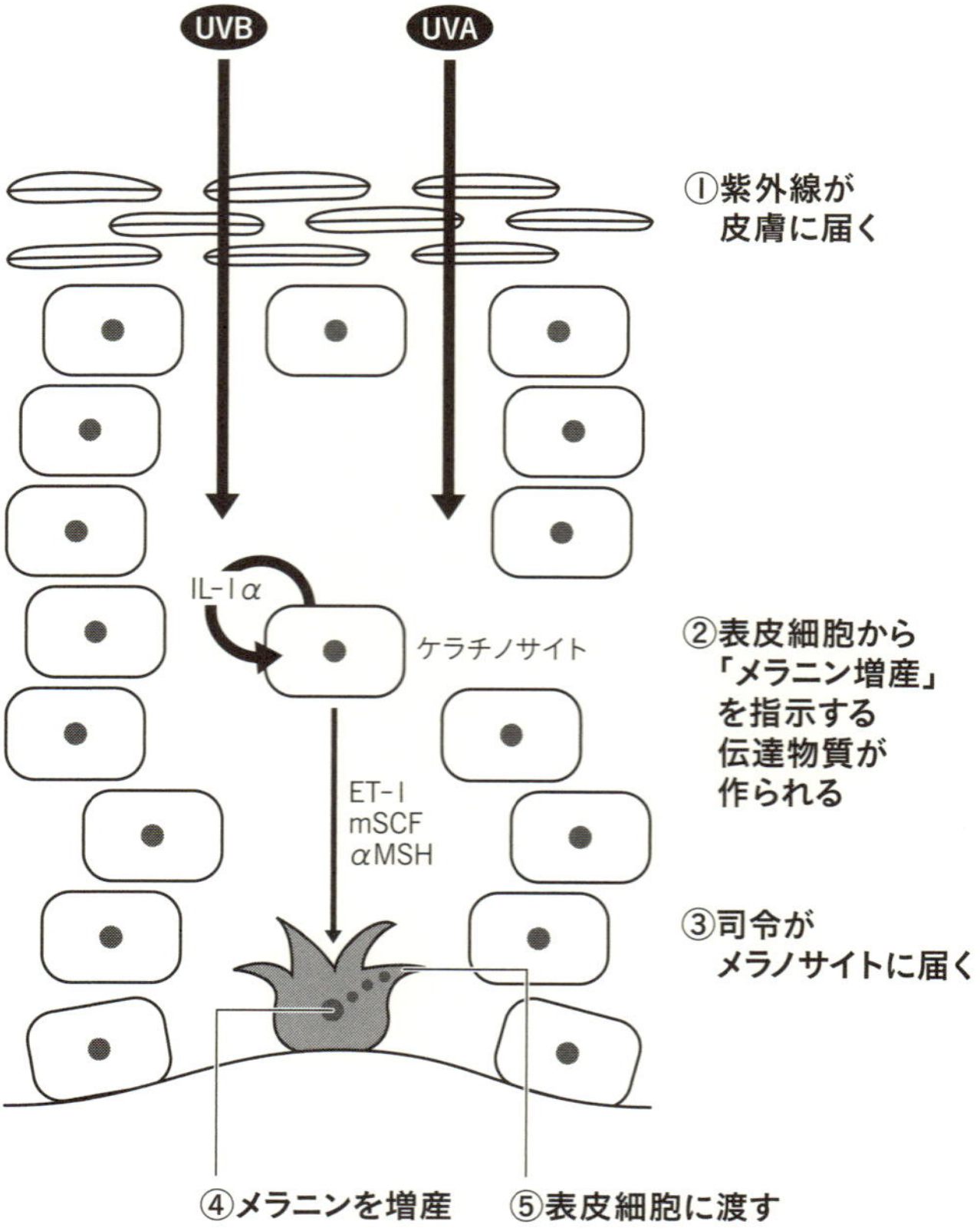
UVB
UVA
①紫外線が皮膚に届く
IL-1α
ケラチノサイト
②表皮細胞から「メラニン増産」を指示する伝達物質が作られる
ET-1
mSCF
αMSH
③司令がメラノサイトに届く
④メラニンを増産
⑤表皮細胞に渡す

「ナノ化」化粧品の本当の意味を知っておこう

最近、よく見かけるのが「ナノ化粧品」とか「ナノ化化粧品」「ナノテクノロジー」といった言葉。なにやら「効きそう！」な感じがしますが、一体何なのでしょうか？

この「ナノ」とは、分子の大きさの単位を示す言葉です。ちょっとピンとこないかもしれませんが、単位としては、10億分の1mを示すのが「ナノ」で、とてもとても小さな単位なのです。

ナノ化の技術は画期的です。**ナノ化の技術が進んだことで、「化粧品の有効成分が肌に浸透する」というイメージが強くなりました。でも、だからといって「すべてが肌に届く」というのは誤解**です。

たとえば、ナノ化で多いのが、コラーゲンを謳った化粧品です。肌はもともと、細菌などの侵入を防ぐ機能を持っています。つまり、肌にさまざまなものが浸透しないように防御しているのです。肌を通過し得る分子量は500前後といわれています。コラーゲンはこれよりも大きいので、そのままの状態では入っていくことができません。ということで、コラーゲンを分解し、コラーゲンのもととなっているタンパク質をナノ化して、導入しているというのが、ナノ化化粧品のコラーゲンの仕組みなのです。

決して、**コラーゲンそのものが小さくなっているわけではない**のです。浸透するしないの論争の前に、ナノ化したことでコラーゲンが肌に浸透している、と考えるのは、間違っているというわけです。

さまざまなメーカーがナノ化テクノロジーに力を注いでいますが、アメリカなどではナノ化に懸念の声もあります。また、その研究データが不確かだったりもするので、まだまだナノ化論争も、答えが出ていないのが実際のところです。

また、「ナノよりも小さいピコアミノ酸」という化粧品会社のコピーがありました。ナノよりも小さい単位は「ピコ」になります。

単位が小さくなればなるほど、肌への浸透力はアップすると思いますが、その反面、浸透は、副作用などのリスクを追う可能性があることも忘れないでください。

最近話題の「男性美容」、これはもっと流行すべきです！

化粧品というと女性に特化したものだと思いがちですが、どうも最近は、その流れが変わり始めているようです。

最近、男性雑誌でも男性のスキンケアや化粧品の紹介記事などが掲載されるようになっています。もちろん、以前から男性誌などでは、グルーミングというカテゴリーで、ニキビケアやヒゲなどの企画は掲載されていたようですが、最近は記事の内容がもっと多様化してきていると聞いています。

こんなお話をすると女性たちは、「男性が美容に興味を持つなんて、やっぱり男性は草食化しているのね」と、男性の女性化、軟弱化と言われそうですが、実はそんなことはありません。私から見ると、やっと男性たちも美容に目覚めてくれたのか！　とちょっと感慨深い気持ちになります。

というのも、今まで男性は、あまりにスキンケアに無頓着すぎたからです。女性と男性の肌を比べると「男性の肌は丈夫で、女性の肌はデリケート」と思っている方が多いでしょう。

ところが、ある調査で、男性の肌は女性の肌に比べて、水分蒸散量が2倍以上もあって、潤いを保っているべき角層の水分量は半分以下。さらに、皮脂分泌は女性に比べて3倍以上もある、いうことがわかったのです。簡単にいえば、潤いが少ない肌なのに皮脂が多くてテカテカしている肌だということです。でも、男性でもスキンケアをきちんとしている人は、肌の水分量も多く、皮脂分泌も抑えられていたという結果になったのです。

ですから、男性もスキンケアをきちんとすれば、もっと弾力があるきれいな肌に生まれ変われるということです。

でも、実際には、男性の8割以上が、きちんとスキンケアを行っていません。お風呂で体を洗うついでに顔を洗ってしまったり、洗顔後に何もつけないという人も少なくありません。

さらに、男性は紫外線にも無頓着です。未《いま》だに、肌が焼けているほうがモテるからと、無防備に焼いている人も少なくありません。サーフィンにゴルフ、登山やスキーと、女性はＵＶカットを万全にする人が増えていますが、男性には、何もしてない人も非常に多い。

そんなふうに考えて患者さんを見ていると、女性よりも男性のほうが圧倒的にシミが多く、また紫外線による深いシワが30代ぐらいからでき始めている人も少なくありません。

さらに、男性はシェービングを毎日するので、肌にかかる負担も多いわけです。そんなことを考えると男性美容は必須なのです。

終章

これだけは知っておくべき化粧品の基礎知識

化粧品のパッケージにある主な美容用語

化粧品の記事に書かれている美容用語をあなたはきちんと把握していますか？　言葉の意味を知っておくと、化粧品を選ぶときにも自分が求めているものが見つけやすくなります。いろいろな情報が溢《あふ》れている今だからこそ、これだけは知っておくべき……という美容のキーワードを集めてみました。

【SPF値】

正しくは、Sun Protection Factor（サンプロテクションファクター）といい、紫外線防御指数の略語です。いわゆる日焼け止め化粧品（サンスクリーン剤）に明記されています。ＳＰＦ値は、皮膚１㎠に２㎎の日焼け止めを塗って、紫外線のＵＶＢによる皮膚の赤み（紅斑）の状態を測定して算出したもので、日焼け止め化粧品を塗った部分と塗らなかった部分で、赤みが現れる時間をどれぐらい伸ばすことができたかで測定します。SPF15が日常生活に適している防御レベル。スポーツなどをする場合は、それ以上の30〜50ぐらいのレベルが必要になります。

ただし、つける量やつけ方によっても防御指数は変化します。定められた量をできるだけきっちり守って、汗や動いて取れてしまった部分はマメにつけ直すことが大切です。

さらに、日焼け止めだけで心配な人は、化粧下地やファンデーションなどにもSPF値が表示されているので、そういったものを積み重ねていくとSPF値を上げることができるので、重ねづけで工夫をしてみましょう。

【PA表示】

正しくは、protection grade of UVA（UVAの防御効果の程度）という意味の略語です。SPFはUVBに対する防御でしたが、PAはUVAに対する防御になります。UVAに当たると肌は黒くなります。その黒化（サンタン）の程度をどれぐらい引き伸ばすことができるかを示したものです。まったく塗らない状態から2〜4倍効果があるものを「PA+」、4〜8倍効果があるものを「PA++」、8〜16倍効果があるものを「PA+++」、16

倍以上効果があるものを「PA++++」と表示しています。現時点では、「PA++++」がいちばん効果が高いのです。

ＳＰＦ値と合わせて高いものを選ぶと日焼け止めの効果はかなり高いことになります。

【ＵＶＡ】

紫外線のことをＵＶと呼び、肌を黒くする作用がある紫外線をＡ波・長波長紫外線と呼び、略してＵＶＡと表現しています。長波の特徴は、炎症を起こすことなく皮膚の深部（真皮）にまで入り込んでシミの発生だけでなく、シワやたるみのもとを作ります。また、雲やガラスを透過する特徴もあります。

【ＵＶＢ】

肌を赤くする作用がある紫外線のＢ波・中波長紫外線で、略してＵＶＢと呼びます。ＵＶＡに比べて、皮膚の浅いところに作用しますが、刺激は強く肌にダメージを与えるため、赤く炎症になります。日焼けによるヒリヒリもこのＢ波が影響しています。

【ＵＶケア】

紫外線ケアのことをいいます。化粧品で防御ができ、日焼けをプロテクトする日焼け止め化粧品、きれいに日焼けした肌を作る日焼け用化粧品、日焼けした肌のほてりやダメージを抑えるための日焼け後化粧品の３つがあります。できているシミ対策の化粧品はこのカテゴリーには含まれません。

【ＮＭＦ】

Natural Moisturizing Factor(ナチュラル・モイスチュアライジング・ファクター）の略で、角質細胞の中にある、天然保湿因子のことをいいます。肌の潤いは、この角質の水分量が重要な働きを持っています。角質は、皮脂やこのＮＭＦや細胞間脂質の働きで15～20％の水分量を保持するのが理想といわれています。ＮＭＦは、アミノ酸や尿素からなる水溶性の物質。水分を保持するためにスポンジのような役割を持っています。

【セラミド】

健康な角質は何層にも角質細胞が重なった状態になっています。その角質細胞と角質細胞の間にあるのが角質細胞間脂質です。細胞間脂質は細胞同士のすき間を脂質と水分の多層構造で満たす役割を持っています。セラミドは角質細胞間脂質の約50％を占めている重要な脂質。セラミドが十分にある肌はバリア機能が高く、乾燥や肌荒れなどに強いのです。

【シリコン】

「シリコーン」とも呼び、有機ケイ素化合物のポリマーのことをいいます。水をはじく性質を持っていて、油のようなベタつきがないのに耐水性が高いのが特徴です。酸化しにくく、皮膚に対する安定性も高いため、シャンプーや日焼け止めなどにも使用されます。特にシャンプーなどでは、指通りやツヤなどに関係するため、幅広く使用されています。最近、シリコン入りのシャンプーは髪を傷めるというクチコミが広がっていますが、実際には髪や頭皮への影響は少ないと考えられています。パーマのかかり具合やトリートメントの浸透率にも影響がないという説が有力です。

【エモリエント剤】

肌を柔らかくする作用がある成分のことを指します。肌を柔らかく保つとともに、皮膚の表面を皮膜で覆い、水分の蒸発などを防ぐ作用があります。化粧品でよく使われるエモリエント剤は、植物油（オリーブオイル、ホホバオイルなど）、動物油（スクワラン、ミンクオイル）、高級アルコールなどがあります。シリコンや角質細胞間脂質のセラミドもエモリエント剤として注目されています。

【ノンアルコール化粧品】

ノンアルコールと表記される化粧品は、「エチルアルコール（エタノール）を使用していない」ということを意味しています。アルコール消毒などで、皮膚が敏感に反応してしまう人用の化粧品で、そういうタイプの人が反応してしまう一般的なアルコールのエタノールを控えた化粧品です。

【コラーゲン】

コラーゲンというと、肌の弾力を担う成分のことと思っている人がいますが、それだけではありません。私たちの体のいたるところにコラーゲンは存在しています。皮膚はもろろん、骨、足の腱《けん》、全身にある血管もこのコラーゲンでできています。もとの成分はタンパク質です。私たちの体の全身にあるタンパク質のなんと3分の1が、コラーゲンでできているといわれています。皮膚のコラーゲンは、真皮にコラーゲン線維として存在しています。肌の水分を保ち、肌の弾力やモチモチとした肌を作っているのがこのコラーゲンです。コラーゲンは分子構造が大きいため、皮膚からは吸収されません。また、フカヒレなどのコラーゲンたっぷりの食事を摂《と》っても、胃でタンパク質に分解され、吸収されてしまうので、食べてすぐに肌の弾力がアップすることはまずありません。コラーゲンは全身にあるので、どこかに働きかけている可能性はありますが、肌だけにたどり着くとは言い切れません。

【ヒアルロン酸】

こちらも化粧品の成分として有名なので名前だけは知っている人も多いはず。真皮層に存在するゼリー状の物質で、肌の水分保持で大事な役割を担っています。もともとは分子が大きいので肌に浸透することはありませんが、水分を抱き込む性質があります。また、ヒアルロン酸は、肌によくなじんで、ベトつかないので、角層の水分量を高めてくれる効果があります。

【ペプチド】

2~100個ほどのタンパク質が鎖状に連なった構造のものをペプチドと呼びます。アミノ酸とタンパク質の中間に属します。100個を超えるとペプチドからタンパク質に変わります。化粧品の原材料に多く使われ、ある種のものは、細胞増殖促進や活性化などの作用が期待されています。

【活性酸素】

私たちは毎日、休まず呼吸を繰り返しています。呼吸によって酸素を体内に取り込んでいます。生きていくためには必要不可欠な酸素ですが、体内に取り込まれた酸素の約2％は、活性酸素に変わります。この活性酸素は、化学反応を起こしやすく、非常に不安定な酸素で、老化や病気の原因になると考えられています。この活性酸素が働くことで、細胞が酸化されます。たとえるなら、りんごをそのまま放置しておくと茶色く変色するのが酸化です。あのようなことが体内でも起きていると考えられています。この活性酸素は、紫外線、ストレス、大気汚染など外的要因でも発生します。アスタキサンチンやコエンザイムQ10などが効果があると考えられています。また、体内だけでなく化粧品も紫外線や空気に触れると酸化します。その酸化を抑えるために、ビタミンC（アスコルビン酸）などの酸化防止剤が含まれています。

【植物抽出エキス】

古くから薬効があるとして使われてきた植物は、化粧品でも活用されています。主に植物抽出エキスとは、植物の花や葉、茎や根などから抽出された成分のことです。アジアでは漢方、ヨーロッパではハーブとして活用されてきた歴史があります。ナチュラルなものとして、好む人が多いですが、植物＝安全というのは安易です。刺激があったり、アレルギーを誘発する植物も数多く存在します。植物エキスだから肌にやさしい、体にやさしいという概念ではなく、きちんと知識を持って選ぶことが大事なのです。

【界面活性剤】

油性と水性、両方の性質を持つ化粧品によく用いられる物質です。大きく2つの働きを持っています。油性成分と水性成分を安定した状態で合わせることができる乳化作用と、水に溶けにくい物質を溶かす可溶化作用があります。界面活性剤＝刺激が強く肌に刺激を与えるもの、肌のバリア機能を壊す可能性がある、というイメージがありましたが、現在の界面活性剤は安全性にきちんと配慮されています。

化粧品のボトルの裏にある成分について知っておきましょう

化粧品のボトルの裏を見ると、小さい文字でたくさんの成分が書かれていますね。

これは、薬事法で、化粧品には「全成分表示」が定められているからです。

日本化粧品工業連合会の「化粧品の成分表示名称リスト」で、成分を入力するとその詳細が検索できるようになっていますので、活用してみてください。

http://www.jcia.org/n/biz/ln/b/

化粧品の成分名は、共通な名称で表示されていますので、化粧品を選ぶときひとつの目安となりますから、ご自分の化粧品の成分はチェックしておくといいでしょう。

おわりに

現在、化粧品や美容の情報があまりに氾濫しており、続々と新商品も登場しておりますので、一般消費者のみなさんが正確な知識を得ないと、「正しい美容」を実践することができなくなってしまいます。

そこで、２０１１年に、日本コスメティック協会（http://www.j-cosme.org/）が設立されました。美容や健康にかかわる情報、コスメの情報などをきちんと整理し、知識を身につけられるように、と考えてのことです。情報提供のためのテキスト出版やら知識確認のための試験などを行っています。ｗｅｂで受験可能なコスメマイスターライト検定試験も行っており、コスメの基本知識が確認できます。

日本の女性に、もっともっと美しくなっていただきたい。

そのためには、みなさん一人一人が、正しい情報と意識を身につけていなければなりません。
本書が、そのための入門書となりますことを、祈念しております。

川島 眞

【著者略歴】
川島眞（かわしま・まこと）

東京女子医科大学皮膚科学教室・教授。

1952年宮崎県生まれ。78年東京大学医学部医学科卒業。84 ～ 86年パリ市パスツール研究所に留学。86年東京大学医学部皮膚科講師。93年より現職。

日本皮膚科学会理事、日本皮膚アレルギー学会理事、日本香粧品学会理事長、日本美容皮膚科学会理事、日本コスメティック協会理事ほか。アトピー性皮膚炎をはじめ、美容、皮膚ウイルス感染症、接触皮膚炎などを主に研究。特にアトピー性皮膚炎の治療に詳しい。『アトピー性皮膚炎がよくわかる本』（小学館）、『アトピー性皮膚炎』（東洋出版、共著）、『皮膚に聴くからだとこころ』（PHP新書）ほか著書多数。

化粧品を正しく使えばあなたはもっとキレイになる。

2014年3月5日　第1刷発行

著　者　川島 眞
発行者　見城 徹
発行所　株式会社 幻冬舎
〒151-0051 東京都渋谷区千駄ヶ谷4-9-7
電話　03(5411)6211(編集)　03(5411)6222(営業)
振替　00120-8-767643
印刷・製本所　株式会社 光邦

検印廃止

ISBN978-4-344-02542-4 C0095
幻冬舎ホームページアドレス http://www.gentosha.co.jp/
この本に関するご意見・ご感想をメールでお寄せいただく場合は、comment@gentosha.co.jpまで。